에너지전환마을
발명록

미호동에너지전환마을 어때유? 괜찮쥬!

에너지전환마을
발명록

에너지전환해유 사회적협동조합 엮음
이무열 기획

모시는사람들

"
자랑스럽지. 자랑스럽게 생각하지.
마을에 우리 넷제로공판장이 생겨서.
좋잖아. 고맙지. 자랑하지.
"

마을주민 김완득 어르신 (98세, 2024)

추천사

와! 도대체 어떻게 이런 생각을 한 거지? RE100 우리술과 생들깨기름, 윙윙꿀벌식당, 햇빛 용돈, 솔라시스터즈, 넷제로공판장 등등. 미호동에 가면 에너지전환을 위한 신기한 발명품이 넘쳐납니다. 궁금하지 않으세요? 누가 어떻게 이런 발명을 했는지? 이 책은 1.5도씨 지구를 위해 지금과는 완전히 다른 '마을'과 '삶의 방식'을 발명한 사람들에 대한 이야기입니다.

- 이유진/ 녹색전환연구소 소장

미호동에는 넷제로공판장이 있다. 미호동 공판장이 특별한 이유는 불타는 지구를 살리기 위해 제로웨이스트 물건만을 파는 것이 아니라 마을과 시민사회와 활발하게 에너지전환운동을 펼치고 있기 때문이다. 또 미호동 텃밭에 '윙윙꿀벌식당'을 열어 자연생태계 회복을 실천하는 생태전환운동 근거지가 미호동넷제로공판장이다. 기후위기의 대안을 고민하시는 이웃들에게 『에너지전환마을 발명록』을 적극 추천한다.

- 문성호/ 대전충남녹색연합 상임대표

지구가 미쳤다. 2024년 여름, 사람들은 지구가 미쳐 가고 있다는 사실을 온몸으로 경험했다. 하지만, 가만히 생각해 보면 지구가 미친 게 아니라 우리 인간이 지구를 미치게 한 것이다. 누구나 대책이 필요하다고 생각하고, 자신의 역할이 있음을 알면서도 움직이지 않는다. 이번에 나온 『에너지전환마을 발명록』에서는 '넷제로공판장'을 중심으로 미쳐 가는 지구를 살리기 위해 온몸을 바치는 사람들을 만날 수 있다. 지구를 구하고자 생각하는 사람의 필독서다.

- 윤희일/ 전 경향신문 국장(선임기자), 작가

이 책은 대단히 흥미롭고 술술 읽힌다. '에너지전환해유'라는 사회적협동조합(환경운동단체와 신재생에너지 기업의 공동 작품)의 선각적인 혜안과 미호동 주민들의 적극적 참여가 만나서 이뤄낸 '작은 기적'을 구체적이고 생생한 목소리로 들려주고 있다. 미호동에서 4년에 걸쳐 이뤄낸 성과와 도전, 때로는 과오를 읽으면서 환경 운동과 주민자치가 어디서 어떻게 만나야 하는지를 깨닫는다. 『에너지전환마을 발명록』은 '미호동넷제로공판장'을 축으로 이뤄지고 있는 다양한 실험을 증언한다. 내게 '세계환경정치론'을 다시 강의하라면 이 책을 반드시 교재 중 하나로 쓰겠다. 이 '기적'은 현재 진행형이다.

- 권혁범/ 대전대 정치외교학과 명예교수

"아름다운 마을을 만드는 방법을 알려주는 책!"
"읽어보면 가보고 싶은 마을 미호동!"
이 책을 읽으면 에너지자립마을을 실천하고 기후위기를 이겨내기 위해 탄소중립(넷제로) 마을의 모델을 만들어 가고 있는 아름다운 미호동을 만날 수 있다. 그들은 말한다. "불투명한 미래가 두렵지 않은 건 함께하는 사람들이 있고 지금 이 순간이 행복하기 때문입니다. 함께 꿈을 꿀 수 있어서 정말 다행입니다." 꿈같이 아름다운 미호동에서 에너지전환해유 사회적협동조합이 마을주민들과 함께 꿈을 창조해 가는 경이로운 모습을 들여다 보시길!

- 차선도/ 미호동 기후에너지위원회 위원장

뜨거운 여름, 처음 방문한 미호동은 아주 특별했습니다. 대청댐 드라이브 길을 따라 도착한 미호동 마을 어귀에서 느껴지는 청량감과 포근함은 여느 시골 동네와 달랐습니다. 미호동 주민들과 사라지는 꿀벌을 지키느라 애쓰는 이야기, 넷제로공판장에서의 에너지 체험으로 라이프스타일이 바뀌는 사람들의 이야기는 미호동을 더 특별하게 했습니다. 이 책이 나만 알고 있기 아까운 미호동 이야기를 널리 전해주어, 많은 이들이 이 마을을 꼭 한번 찾아 그 특별함을 경험하길 바랍니다.

- 고현진/ 해피빈재단 나눔기부팀

안녕하세요!

- 미호동 에너지전환마을 친구들 -

평소 제로웨이스트에 관심이 많은 저는 우연히 집 근처에 있는 제로웨이스트숍인 넷제로공판장을 알게 되었고 마침 '넷제로 절기여행'이라는 텃밭 가꾸기 프로그램을 진행하고 있어 참여하게 되었습니다.

처음에는 텃밭을 가꾸는 일이 쉬울 거라 생각했지만 예상보다 훨씬 어려운 일이었습니다. 뜨거운 햇빛 아래서 일을 하는 것도, 무거운 물건들을 옮기는 것도 많은 체력을 필요로 해 일이 끝나면 땀에 절여져 기절하듯 쓰러지곤 했습니다. 하지만 직접 심은 식물들이 자라는 과정을 지켜보면서 자연의 소중함에 대해 깊게 생각해 볼 수 있는 시간이 되었습니다.

그리고 텃밭에서 수확을 하게 된 날은 정말로 뿌듯한 순간이었습니다. 특히 제가 키운 무를 집에 가져가 김장 재료로 사용

했을 때, 부모님이 좋아해 주시는 모습을 보면서 더욱 뿌듯함을 느낄 수 있었습니다.

텃밭 가꾸기 뿐만 아니라 수정과 만들기, 천연 수세미 만들기, 질경이풀 연고 만들기 등 다양한 체험 활동도 진행되었습니다. 그중에서도 비 오는 날 우비를 입고 오디를 따 먹었던 날은 저에게 잊지 못할 추억이 되었습니다. 시원한 비를 맞는 느낌이 좋았고 처음 먹어보는 오디의 달콤한 맛도 기억에 남습니다.

넷제로 절기여행 프로그램을 통해 이렇게 소중하고 다양한 경험을 하게 되어 너무나도 즐거웠습니다. 앞으로도 더 많은 사람들이 넷제로공판장에서 자연과 소통하며 소중한 경험을 쌓을 수 있기를 바랍니다.

- 오가연 (2022년 '넷제로 절기여행' 프로그램 참가자)

에너지전환해유 그리고 넷제로공판장은 나에게 새로운 세상을 열어준 곳이다. 녹색연합 사무실에서 우연히 만난 이사장님의 제안으로 홍보용 만화와 팸플릿 일러스트를 그리게 되었고, 이후 지금까지도 꾸준히 만화와 그림을 통해 생명을 살리기 위한 메시지를 전하며 살아가고 있다.

2020년, 넷제로공판장 합류에 대해 고민하고 있을 때 미호동을 찾은 적이 있다. 미호동 정다운마을쉼터(넷제로공판장의 이전 이름) 건물 뒤로 아름다운 땅거미가 지고 있었다. 이런저런 생각이 많이 들었지만, 직접 찾아와 보니 더 이상 고민이 필요 없을 것 같았다. 이 아름다운 곳을 지켜나갈 수 있다면, 이곳에서 에너지전환이라는 가치를 퍼뜨릴 수 있다면 스스로가 자랑스러울 것 같았다.

해유에 합류한 뒤 개관 전부터 지역의 역사자료를 모으고 주민들을 인터뷰하며 스토리텔링을 위한 배경작업을 진행했다. 계약기간이 얼마 남지 않았을 때 미호동의 아름다운 이야기를 나만 알고 있는 것이 아까워 '미호동 넷제로 이야기'라는 만화를 SNS에 연재했는데 장터에서 만난 한 손님이 덥석 내 손을 잡고 '연예인 만난 것 같다'라며 만화 잘 보고 있다고 말씀해 주셨을 땐 처음 느껴보는 감동에 가슴이 울렁거리기도 했다.

넷제로공판장에서 보낸 시간 중 가장 기억에 남는 건 개관 전 주민디자인학교를 통해 주민들과 글쓰기 수업을 했던 순간이다. 중년 여성이 대부분이었던 그 수업에서 '나는 어릴 때 ○○한 아이였다'라는 첫 문장으로 자신의 삶을 써보는 시간을 가졌다. 사각사각 연필 구르는 소리만 간간이 들려오는 가운데, 팔짱을 낀 채로 골똘히 노트만 내려다보는 이가 있었다. '왜 아무것도 적지 않으시냐' 물었더니 자신의 어린 시절은 그저 회색빛이라서, 너무 마음이 아파서 적을 수가 없다고 하셨다. 다른 분들도 어렸을 때부터 가족들을 위해 일만 하고 살았다며 서러운 순간들을 털어놓았다. 사연이 너무도 절절해 그날 수업 중에도, 돌아오는 길 기차에서도 소매에 꾹꾹 눈물을 찍어냈다. 이후 주민 분들을 만날 때마다 나처럼 이곳에서 새로운 도전을 해보실 수 있도록 적극적으로 제안했다. 1년 뒤, 직접 담근 효소와 청, 장과 농산물, 꽃차 등을 공판장에 내놓고, 동아리를 직접 기획하여 운영하는 주민들을 만나면서 글쓰기 수업에서의 눈물은 까맣게 잊고 있었다. 이 글을 쓰며 문득 돌아보니 공판장만큼이나 주민들도 많이 변했다는 생각이 든다.

넷제로공판장을 둘러싼 모든 이가 부지런히 걷고 뛰고 울고 웃으며 보낸 시간은 어느새 켜켜이 쌓여 반짝반짝한 에너지를 뿜어내고 있다. 끊임없이 평등하게 생명의 에너지를 전해주는 태양처럼 넷제로공판장도 많은 사람에게 새로운 기회를, 몰랐던 기쁨을 찾아주는 듯하다. 나도 해유와 미호동 덕분에 껑충 뛰어오를 수 있었고, 여기에서 함께 일했다는 것에 큰 자부심을 가진다. 민들레 꽃씨처럼 뽀송한 날개 달고 훌훌 날아가 곳곳에서 녹색의 가치를 퍼뜨릴 주민들 그리고 이곳을 찾는 모든 이의 앞날을 응원한다.

−안경선 (작가)

에너지전환은 굉장히 심각하고 무거운, 하지만 당면한 인류의 과제입니다. 그래서 그 일을 한발 앞서 준비하고 실행하는 사람들은 덩달아 무거워지고, 심각해지는 것을 흔히 볼 수 있습니다. '재미'와 '의미'라는 달콤함을 보상으로 생각하기도 하는데 사실 이것도 쉽지는 않습니다. 옛 미호동 공판장에 여유롭게 자리잡은 에너지전환해유 사회적협동조합은 이걸 너무 잘 알고 있습니다. 구수한 충청도 억양의 두 글자는 누가 지었는지 모르겠지만 해유를 오래오래 지켜주는 원동력이 될 것 같습니다. 갈때마다 활짝 열려 있는 미호동넷제로공판장도 해유가 주는 느낌 그대로 재미와 여유 자체입니다. 가끔 일 때문에 해유로 가는 길은 늘 기분이 좋습니다. 세상일은 어떤 때는 수익, 어떤 때는 사명, 때로는 두려움이 동기가 되기도 합니다. 해유의 동기는 재미와 여유인 것 같아 늘 보기 좋습니다.

-이기관 (마이크로발전소 대표)

처음으로 넷제로 도서관을 계획하고 전시까지 준비를 해야 할 때는 과연 가능할지 의문과 걱정이 많았던 사업이었습니다. 서로가 처음으로 계획하고 설계하고 디자인하면서 조금씩 할 수 있겠단 생각 속에서 잘 만들어 보고 싶었습니다.

그렇게 만들어진 넷제로 도서관에서 전시를 하면서 아이들이 책 보고 뛰어노는 모습을 보고, 일 이상의 새로움을 느꼈습니다. 아이들과 넷제로장터에 참여하고 공판장에 놀러 와서 많은 이야기를 하고 즐겁게 지낸 추억이 생각이 납니다.

그렇게 4년이 지난 후에도 마이크로그리드사업 현황판을 설치하고 윙윙꿀벌식당을 여는 등 많은 일을 하는 해유를 보면서 미호동 에너지전환마을이 가능하겠다는 생각도 들고 이미 성과를 내고 있는 일들이 해유의 힘을 보여주고 있는 것 같습니다.

-김상환 (근영D&P 실장)

2021년 10월. 에너지전환해유 사회적협동조합과 인연이 시작된 날입니다. 그동안 나는 미호동넷제로공판장을 담당했고, 지금은 탄소중립 교육과 체험 프로그램을 담당하고 있습니다.

집계를 해 본 결과, 한 해 동안 1,000명 이상의 사람들이 공판장을 방문해 주셨고, 해유는 많은 이들에게 미호동 마을의 활동 사례부터 농산물수확·로컬푸드 체험 등 다양한 탄소중립 교육을 제공해 해유만의 넷제로 라이프스타일을 확산시키고 있습니다.

하지만, 해유 혼자서는 미호동 마을에서 탄소중립 교육 및 체험 프로그램 운영이 어렵습니다. 그렇기 때문에 해유는 미호동 마을이라는 자원과 마을주민과 함께 해유만의 탄소중립 교육프로그램을 기획해 많은 시민에게 제공 중입니다.

"솔라시스터즈 어머님들, 다음 주 예정인 마을투어와 교육을 해주실 수 있으실까요?" "통장님, 재배하시는 밭에서 농산물 체험을 할 수 있을까요?" "금숙님, 재배한 먹거리를 조금 나눠주실 수 있으실까요?" 마을주민들의 연세는 보통 60~70대 중후반이지만, 그동안의 삶의 경험으로 우리에게 많은 부분을 지원해 주시고 있습니다.

"교육할 때 떨릴까봐 한번 연습도 해보고 종이에도 적어 왔어. 내가 잘할 수 있을지 모르겠네." "내가 조금만 하려고 했는데 부족할 것 같아서 많이 해왔어. 견학 온 사람들도 먹고 해유 식구들도 먹어요."

어느덧 마을주민의 마음 어느 한쪽에 해유가 자리를 잡지 않았을까 하는 생각이 들 정도로 항상 요청드린 것보다 그 이상을 준비해 해유와 견학을 오신 분들께 감동을 주십니다.

이렇듯 해유에게 미호동 주민이란 함께 성장하는 동반자이자 자양분 같은 존재입니다.

항상 해유를 믿고 함께해 주시는 미호동 마을주민들께 감사드립니다.

- 조아라 (에너지전환해유 사회적협동조합 에너지전환팀)

2021년 봄, 해유의 미호동넷제로공판장을 방문했다. 공판장에서는 대나무 칫솔, 천 마스크 등 많은 제로웨이스트 상품들을 팔고 있었다. 말로만 들었던 제로웨이스트숍을 가까이에서 볼 수 있어서 정말 반가웠고 이사장님과 임직원들의 순수함과 열정을 느낄 수 있었다.

모두가 환경에 기여하는 삶. 그것은 나의 오랜 꿈이다.

해유와는 에너지 교육용 키트 '솔라 플레이 블록'을 함께 개발했다. 금형에는 큰돈이 들어가는데 어려운 시기에 투자를 아끼지 않는 해유가 정말 대단하다고 느꼈다.

힘든 시기에 힘을 내서 묵묵히 자기 일을 해나가는 해유를 보며, 나도 다시 용기 내 본다.

"지속가능한 미래, 도전해유! 함께해유! 사랑해유!"

- 임승훈 (동남리얼라이즈 CTO)

"바람이 불어오는 곳 그곳으로 가네 / 그대의 머릿결 같은 나무 아래로~"

미호동넷제로공판장과 얽힌 기억을 떠올려 내자니, 노래 '바람이 불어오는 곳'을 절로 흥얼거리게 된다. 이 노래가 배경음악 되어, 미호동넷제로공판장 앞마당에 오랜 세월을 살아온 느티나무가, 느티나무가 내어주는 그늘 아래에서 에너지전환해유와 미호동 어르신들 그리고 다양한 사람들이 삼삼오오 모여 있던 모습을 떠올린다.

넷제로공판장이 문을 열던 날, 집에서 기타를 메고 미호동으로 향했다. 어르신들과 함께 만들었던 미호동의 노래를 부르기 위해서였다. 초록색의 드레스코드를 맞추기 위해, 연두색의 치마도 둘러 입었다. 그날도 느티나무 아래 바람이 솔솔 불어왔을 것이다.

그때로부터 1년이 지나, 해유에서 넷제로작가로 일을 하게 되었다. 매달 여는 넷제로장터, 매주 모이는 넷제로텃밭 활동, 비건소셜다이닝 등 사진을 찍고 글을 쓰면서 순간에 스민 의미와 아름다움을 살필 수 있는 소중한 기억으로 자리 잡고 있다.

미호동에 살며 농사짓는 주민의 이야기를 담았던 일도 소중한 기억이다; "예전에는 남들보다 느리게 사는 저를 자책하기도 했어요. 그렇지만 미호동에 살면서 속도보다 방향이 중요하다는 걸 자연스레 터득하게 돼요. 더 적게 소유하고 소비할수록 사유하는 것은 풍성해지잖아요. 저는 미호동에 사는 지금이 정말 좋아요."(두미영 님 인터뷰 중에서)

주민의 입을 통해 에너지전환해유가 펼치는 활동의 의미를 돌아볼 수 있어 더욱 뜻깊었다; "미호동에서의 넷제로 활동은 이제 시작 단계인 거잖아요. 저는 뭐든 함께 하고 싶어요. 활동을 하다 보면 젊어지는 기분도 들고 삶에 생기를 느껴요. 시간이 걸리더라도 미호동넷제로공판장도, 넷제로장터도 활성화되어서 더 많은 사람이 넷제로 활동에 동참하는 길이 열리면 좋겠어요."(조영아 님 인터뷰 중에서)

에너지전환해유, 미호동넷제로공판장이 계속해서 자리를 지켜내어 더 많은 사람들이 넷제로 활동에 동참하고, 삶에 생기를 얻었으면 좋겠다.

- 임유진 (싱어송라이터 유진솔)

CONTENTS

추천사 ·· 5

서문_ 안녕하세요 ··· 7

총론_ 미호동 에너지전환마을에 오신 걸 환영해요 ········ 20

프롤로그_ 해유를 만나기 전에 ························· 28

제I부 미호동넷제로공판장 | 미호, 해유를 만나다

1 | 공판장 × 주민 × 제로웨이스트

01 마을 자원 조사 ······································ 41

02 마을학교 ·· 44

03 외부견학 프로그램 ································· 49

　　해유가 자주 받는 질문 TOP10 ·············· 53

04 제로웨이스트 매장 ······························ 54

05 생분해 현수막 ····································· 61

06 소프넛과 천연수세미 ···························· 62

07 솔라 플레이 블록 ································· 66

인터뷰 배달음식 시키기 힘들어도… "저는 지금이 행복합니다"
　　주민 두미영 ······································ 69

2 | 넷제로 라이프스타일

01 넷제로 꾸러미 ····································· 76

02 넷제로 시민프로그램 ···························· 78

03 넷제로 캠핑 ·· 80

04 넷제로 라이프스타일 체험단 ·················· 83

05 넷제로 화폐 ·· 85

　　수노기의 넷제로 라이프스타일 ············· 87

3 | 넷제로 문화

01 넷제로장터 ·· 90

02 넷제로 문화공연 ··· 96

03 넷제로 텃밭 ·· 100

04 넷제로 도서관 ·· 103

05 윙윙꿀벌식당 ··· 106

인터뷰 "고맙지, 자랑하지~" 98세 어르신 김완득 ········ 110

제Ⅱ부 에너지자립마을 | 미호, 햇살을 품다

1 | 마이크로그리드

01 재생에너지 전환 ··· 120

02 에너지마을학교 ·· 122

03 위너지 앱 ··· 125

04 공유햇빛발전소 ·· 127

05 미호동 기후에너지위원회 ································ 129

2 | RE100 마을투어

01 솔라시스터즈 ··· 132

02 마을투어 코스 ··· 135

03 채식 식당과 기후후원금 ································· 137

인터뷰 솔라시스터즈, "우리는 마을 에너지 활동가"

솔라시스터즈 송정희 ································· 140

제Ⅲ부 넷제로 협업 | 미호, 물결이 되다

1 | 기업ESG

01 RE100 우리술 ··· 155

02 LH임대아파트 햇빛발전 ································· 159

03 미니태양광 ·· 162

04 취약계층 에너지복지 ···································· 166

인터뷰 "RE100을 선도하는 모범기업이 되겠습니다"
유석헌 신탄진주조 본부장 ······························ 168

2 | 마을과 학교

01 시민햇빛발전소 ··· 175

02 탄소중립 마을 컨설팅 ··································· 177

03 넷제로 사이언스 스쿨 ··································· 182

04 법동 에너지카페 ··· 188

제IV부 넷제로 사람들 | 미호, 관계를 맺다

1 | 미호동에너지전환마을 괜찮은가요

01 미호동 마을주민 인터뷰_ 차선도, 김재광 ················· 199

02 에너지전환해유 사회적협동조합 전/현직 활동가 인터뷰
_ 송순옥, 신대철, 남은순, 고지현 ················· 208

03 미호동 에너지전환마을을 상상하세요 ················· 226

   대담 김병호 SF작가 X 양흥모 이사장 ················· 228

2 | 잘하고 있어요

01 미호동의 오늘은 우리의 미래다 _ 박은영 ················· 241

02 재생에너지 기업이 기대하는
미호동 에너지전환마을 _ 김영덕 ················· 247

03 탄소중립 시대, 미호동 에너지전환마을의 의미와 전망
_ 이다현, 김도균 ················· 253

   남은 편지 차율곤 대전송촌초등학교 ················· 260

부록

• 해유 연혁 ················· 262
• 웹툰 ················· 266

미호동
에너지전환마을에 오신 걸
환영해요

신탄진에서 대청호로 향하는 72번, 73번 외곽버스를 타고 미호동(대전시 대덕구)에 내리면, 금강변의 고즈넉한 마을 풍경이 마음을 사로잡습니다. 그 길가에 자리 잡은 2층 건물은 낯선 이름을 전면에 내걸고 있습니다. 'ZERO WASTE 미호동넷제로공판장'.

작지만 예사롭지 않은 기운을 풍기는 미호동넷제로공판장에 발을 들여놓으면 여느 시골 마을의 공판장과 다른 곳이라는 걸 금세 알 수 있습니다. 좀 더 관심을 가지고 들여다보면 나무 한 그루, 작은 물건 하나에도 이야기가 있고 울림이 가득하다는 걸 느끼게 됩니다.

주민 200여 명이 살아가는 도시 외곽의 소박한 마을 미호동이, 기후위기 시대의 대안인 넷제로를 실천하며 전 세계의 마을과 연대하는, 희망을 품은 마을이라는 사실까지 알게 된다면,

미호동의 햇빛, 물, 바람, 사람, 나무, 풀 한 포기도 다시 보이고 새롭게 다가옵니다.

미호동넷제로공판장은 에너지전환해유 사회적협동조합(이하 '해유')이 탄소중립 마을을 꿈꾸며 '마을살이'를 시작한 곳입니다. 재생에너지를 대표하는 '태양'이 '석유' 역할을 대체해야 한다는 뜻(해+유)과 충청 '지역 표준어'의 청유형 어조인 '~해유'를 담은 이름처럼, 해유는 2020년 창립 후 대전시 대덕구 법동 에너지카페를 거점으로 시민들을 만나며 에너지전환의 꿈을 키웠습니다. 하지만 이미 조성된 도시 인프라와 소비문화를 바꾸고 에너지전환을 일궈내는 일은 쉽지 않았습니다. 해유의 갈증은 대전시 외곽에 금강변을 따라 섬처럼 자리 잡은 미호동 마을을 만나며 풀리기 시작합니다. 상수원보호구역으로 개발이 제한되어 있고, 인구 감소와 고령화로 활기를 잃어 가던 미호동은 역설적이게도 그러한 환경 때문에 더욱 새로운 변화와 혁신이 가능한 곳이었습니다.

해유가 미호동 '마을살이'를 결심한 이유는 시대의 요구와도 맞닿아 있습니다. 매스컴에서는 연일 '지방 소멸'을 우려하지만, 수도권을 중심으로 한 성장 담론은 여전히 팽배하고, 청년들은 대안 없는 지역을 떠나 도시로 이주하고 있습니다. 정부는 '지역경제 활성화'라는 명목으로 아직도 도로와 건물에 막대한 자금을 쏟아 부으며 사람 없는 빈 시설들만 늘리고 있습니다. 지역 주민들이 배제된 성장 전략은 그동안 수없이 경험했던 도시재생 사업처럼 불평등과 갈등만 심화시키고 지역을 더욱 공동화(호洞化)시킬 뿐입니다. 지역이 되살아나려면 주민들이 주체가 되어야 하고, 출산 장려, 인구 유입 등의 양적 팽창이 아닌 삶의 질을 높여야 합니다. 해유는 돌봄, 교육, 일자리, 환경, 에너지, 교통, 먹거리 등의 문제를 통합적으로 접근하는 '마을 디자인'을 통해, 미호동 주민들과 함께 '사람이 살고 싶은 마을'을 만들고 싶었습니다.

세계적으로도 전 지구적 환경 위기와 사회문제를 해결하기 위한 대안으로 '로컬리즘'이 부상하고 있습니다. 파리의 '15분 도시'와 바르셀로나의 '슈퍼블록' 정책은 기후위기에 대응하고 마을공동체를 부활하려는 '사람' 중심의 생활공간 재편을 지향하고 있고, 암스테르담, 브뤼셀, 포틀랜드와 같은 도시들은 생활의 기본적 필요는 충족시키되, 지구의 생태적 한계를 넘지 않는 범위가 '인류의 안전하고 정의로운 공간'이라는 도넛 경제(Doughnut economics) 모델을 수용해 지속 가능한 도시로 리모델링하고 있습니다.

미호동에 터를 잡은 후, 해유는 마을주민들과 함께 '지속 가능한 탄소중립 마을'을 만들기 위한 다양한 실험을 해 왔습니다. 미호동넷제로공판장을 연 첫 해부터 꾸준히 지속해 오고 있는 마을학교와 넷제로장터는 주민들이 주체가 되어 기획부터 진행, 개선까지 전 과정에 참여하는 마을 행사로, 내 안에 숨겨진 필요와 욕구를 드러내고 소통하고 화합할 수 있는 축제의 장이 되면서, 마을공동체 문화를 되살리는 역할을 하고 있습니다.

미호동넷제로공판장의 대표 상품인 천연수세미와 소프넛, RE100 우리술은 해유가 지향하는 '지역순환경제'의 가치를 담고 있습니다. 미호동에서 생산한 천연수세미와 무환자나무의 열매껍질(소프넛), 씨앗, 묘목의 판매는 제로웨이스트 문화를 확산시켰고, 대부분 소농인 미호동 주민들의 삶에도 보탬이 되었습니다. 특히 지역에서 햇빛으로 생산한 전력을 사용해 금강의 물과 지역의 쌀로 빚은 RE100 우리술은 에너지전환·지역 기업의 ESG 경영과 지역순환경제를 연계한 프로젝트로 의의가 큽니다. RE100 우리술 판매는 시민들의 햇빛발전 투자와 기업의 ESG 경영을 촉진하는 선순환을 일으켜 지역경제를 활성화시켰습니다.

2024년 지역 주민이 임대해 준 텃밭에 조성한 '윙윙꿀벌식당'은 지역의 자연과 인적자원(양봉장을 운영하는 주민, 꿀벌식당 매니저로 채용한 지역 농부)을 연계한 새로운 마을 사업입니다. 밀원식물과 들깨를 심고 가꾸어 생들깨기름, 윙윙마을투어 등 윙윙꿀벌식당을 매개로 한 상품과 서비스를 개발하고, 동시에 사라지고 있는 꿀벌들의 먹이원과 서식지를 보전하는 생태보전×지역순환경제 프로젝트로 기대를 모으고 있습니다.

가장 큰 성과인 미호동의 재생에너지 전환은 온실가스 감축 외에도 마을에서 에너지복지와 돌봄, 일자리 창출의 효과를 가져왔습니다. 지열로 난방을 하는 마을회관에서 매일 식사를 같이 하며 서로를 돌보는 어르신들과 태양을 수놓은 유니폼을 입고 RE100 마을투어를 안내하는 솔라시스터즈의 모습에서 에너지전환이 가져온 마을의 '행복 에너지'를 느낄 수 있었습니다. 더불어 미호동의 에너지 자립은 가상전력 거래(VNM)인 '햇빛 공유'를 통해 다른 마을의 LH임대주택 주민들과 연결되었고, 지역사회의 에너지전환과 에너지복지 실현으로 이어졌습니다.

ⓒ 홍진원

이제 미호동 주민들은 그동안의 활동 경험을 통해 미호동넷제로공판장 마당에 설치되어 있는 '1.5℃' 조형물과 미호동넷제로공판장 간판의 '넷제로'의 의미를 잘 알고 있고, 방문객에게 마을을 직접 안내하는 재생에너지 레인저로, 넷제로 마을활동가로 해유와 함께 일하고 있습니다. 무엇보다 해유는 미호동 마을살이를 통해 에너지전환이 탄소중립에 기여하는 것 외에, 지역사회의 문제 해결에 긍정적인 영향을 미치고 삶의 방식을 '넷제로 라이프스타일'로 변화시키는 마중물이라는 사실을 확인할 수 있었습니다.

　미호동넷제로공판장을 찾아오는 많은 사람들이 묻습니다. "이렇게 어려운 시기에 어떻게 살아남았느냐."고, "무슨 특별한 비결이라도 있냐."고 말입니다. 좋은 뜻을 가지고 미호동 주민들과 함께 마을에 새로운 활력을 불어넣으며 에너지자립마을, 탄소중립 마을의 모델을 만들어 가고 있지만, 해유도 정부의 지원 없이 사업을 통해 수익을 창출해야 하는 기업이고, 소비자의 선택을 받지 못하면 경영의 어려움을 겪을 수밖에 없습니다. 돌아보면 그동안 많은 사람들을 만났고 공동의 목표를 향해 힘을 모으고 여기까지 오는 과정에서 많은 시행착오를 겪었습니다.

　그동안 해유가 사업과 활동, 경제성과 의미의 경계에서 늘 고군분투하며 얻은 지혜가 있다면, 첫째, 작더라도 확실한 성과 만들기입니다. 개인과 공동체의 경험 없이 에너지전환의 필요성을 인식하고 변화를 요구하는 것은 한계가 있습니다. 작더라도 성과를 만들고 연결해 에너지전환에 대한 사회적 수용성을 높이는 전략이 필요합니다. 인구 규모가 작고, 주민 간 관계망이 촘촘한 미호동은 함께 일군 결실을 눈으로 확인하고 신뢰를 형성하기에 적합한 장소였습니다. 언론 보도를 통한 적극적인 홍보도 수용성을 높이는 데 효과적이었습니다. 실례로 2021년 8월 21일 방영된 대전MBC 〈다큐에세이 그 사람〉 "쓰레기 없는 청정 장터 미호동 사람들의 이야기"는 해유가 마을에서 좋은 일을 하고 있다는 믿음을 주었고 주민들의 마음을 여는 단초가 되었습니다.

둘째, 문제 해결을 위한 창의적인 사회 실험이 필요합니다. 해유는 지역에서 오랫동안 환경운동을 해 온 시민단체(대전충남녹색연합)와 신재생에너지 기업(신성이앤에스(주))이 공동으로 창립한 사회적협동조합입니다. 두 조직의 장점과 네트워크를 활용해 탄소중립 시대의 대안으로 미호동넷제로공판장을 플랫폼으로 한 미호동 마을과 해유의 협력 모델을 만들어 낼 수 있었습니다.

셋째, 주민 역량 강화로 활동의 지속성을 확보하는 것입니다. 도시 외곽에 위치해 상대적으로 인적자원은 부족하지만 상수원보호구역으로 청정한 자연환경과 공동체 문화를 보유한 미호동과 해유의 전문성이 결합해 다양한 넷제로 상품과 서비스를 개발할 수 있었습니다. 그 과정에서 주민들의 참여는 늘 우선순위였고 넷제로장터 공동 운영, 주민들의 이해와 요구를 반영한 마을학교 개설, 기후에너지위원회 구성 등을 통해 자치역량을 강화해 나갔습니다.

끝으로, 다양한 주체들의 연대와 협력입니다. 세상에서 가장 어려운 일이 협치가 아닐까 생각합니다. 단순히 물리적으로 결합만 해서는 좋은 성과를 만들기 어렵습니다. 서로 다르다는 것을 인정하는 것부터 시작해야 합니다. 이해관계가 다른 주체들을 잘 연결하고 소통하고 중재하는 전문적인 역량도 필요합니다. 넷제로는 탄소중립을 넘어 새로운 삶으로의 전환을 지향하고 있습니다. 마을과 지역을 살리는 경제, 넷제로 생활공동체로 나아가기 위해서는 정부, 지자체, 기업, 시민단체, 학교, 시민 등 다양한 주체의 참여와 협력을 이끌어내는 것이 중요합니다.

해유를 만나는 사람들은 또 이런 질문을 합니다. 미호동이 100% 에너지 자립을 달성한 후에는 어떤 일을 할 것인지, 그리고 이 작은 마을의 사례가 얼마나 세상을 변화시킬 수 있는지 회의적인 시선으로 묻습니다.

기후재난의 어두운 미래와 달리, 해유가 일하고 있는 미호동은 너무나 평화롭고 아름다운 마을입니다. 미호동넷제로공판장 앞 느티나무 아래에 앉아 시원한 강바람을 온몸으로 느끼다 보면 불안과 절망은 씻은 듯이 사라지고 행복감이 밀려옵니다. 윙윙꿀벌식당에서 땀을 흘리며 들깨를 심다 보면 어떤 모습으로 자라나 있을지 내일이 궁금해집니다.

"지구를 지킬 방법이 있어서 다행이에요."

2022년 8개월간 넷제로 사이언스 스쿨을 진행했던 대전석봉초등학교 학생의 교육 후기에서 답을 찾을 수 있습니다. 불투명한 미래가 두렵지 않은 건 함께하는 사람들이 있고 지금 이 순간이 행복하기 때문입니다. 함께 꿈을 꿀 수 있어서 정말 다행입니다.

우리 같이 해유~ 탄소중립!
미호동에너지전환마을 해유~

해유를
만나기 전에

2021년 봄 마을 사이에 자리 잡은 '미호동넷제로공판장'은 미호동에 에너지자립마을을 조성하고 넷제로장터, 윙윙꿀벌식당 등 넷제로 라이프스타일을 만들어 가는 '탄소중립' 플랫폼입니다. 그동안 미호동이 지역민을 금강의 물길로 연결했다면, 지금은 에너지전환과 탄소중립 실천으로 지역사회를 잇고 있습니다.

마을 유휴 공간의 재탄생

금강에 둘러싸인 미호동은 옛날에는 배를 두 번 갈아타야 신탄진으로 나갈 수 있는 '섬'과 같은 곳이었습니다. 1980년 12월 금강에 대청댐이 준공되고, 대청호에 옛 대통령 별장인 청남대가 조성되면서 미호동에는 많은 변화가 생겼습니다. 대청댐 건설

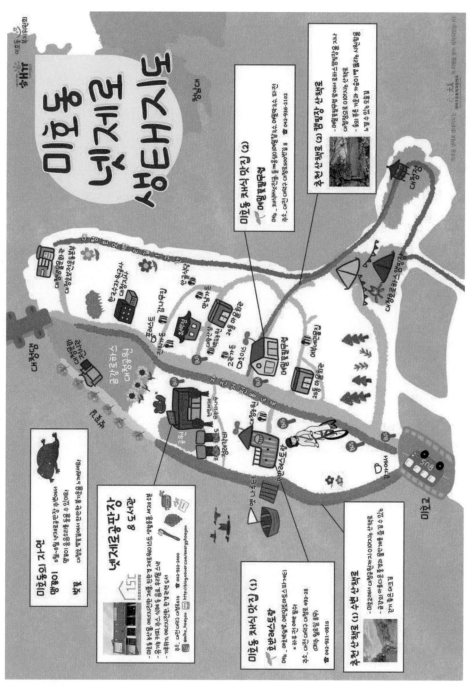

미호동 넷제로 생태 지도

로 도로가 생기고 전기가 들어와 생활은 편리해졌지만, 일부 주민들은 삶의 터전을 잃고 마을을 떠나야 했고, 상수원보호구역으로 규제가 생기고 대청파출소가 검문과 감시를 강화하면서 주민들은 여러 가지 불편도 감수해야 했습니다.

2003년 청남대가 개방되고 국민들이 자유롭게 드나들 수 있는 곳이 되면서, 미호동 대청파출소는 역사의 뒤안길로 사라졌습니다. 이후 오랜 시간 흉물로 방치되어 있던 대청파출소 건물은 대전시 대덕구의 부지 매입과 금강수계관리기금 등의 사업비 투입으로 주민들의 공간으로 탈바꿈합니다. 2017년 5월 농산물 판매장, 편의점, 다목적 회의실 등을 갖춘 주민들의 사랑방이자 경제활동 공간인 '정다운마을쉼터'를 개소한 겁니다.

"이 주변에 슈퍼 하나, 소매점 하나 없어요. 물 하나를 사러 가려면 시내까지 나가야 되는 상황이죠. 그래서 주민들이 생필품을 살 수 있게 구 차원에서 정다운마을쉼터에 구판장을 만들었어요. 그만큼 열악한 환경입니다. 또 지역 간의 격차도 크고요. 개발제한구역이나 상수원보호구역 하나만 있어도 힘든데, 둘 다 있는 곳이라 바로 옆 신탄진과는 많이 차이가 나죠. 주민들이 피해의식도 있고 소외감도 많이 느껴요."

[출처] "대덕구에 들어서는 넷제로공판장, 이런 곳입니다"

-오재룡 대덕구 상수원관리팀장 인터뷰(2020년 11월 13일) / 오마이뉴스

마을주민들은 미호동복지위원회를 꾸리고 정다운마을쉼터 운영을 맡았지만, 대부분 고령인 미호동 주민들이 생업과 농산물 판매장 운영을 병행하는 건 말처럼 쉽지 않았습니다. 주민들의 열정과 노력으로 어렵게 운영을 이어 갔지만 결국 한계에 부딪치게 되었습니다. 상품 수급과 판매, 재고 관리 등을 책임질 인력 문제를 해결하지 않는다면 애써 마련한 주민들의 공간도 농산물 판매장의 미래도 불투명한 것이 현실이었습니다.

마을 전체가 상수원보호구역이면서 개발제한구역으로 묶여 있고, 주민 자치로 정다운마을쉼터를 운영하는 것에도 어려움을 겪었던 미호동에는 새로운 '에너지'가 필요했습니다. 신재생에너지 전환과 지속 가능한 사회 실현을 목적으로 2020년 창립한 에너지전환해유 사회적협동조합(이하 '해유')은 미호동의 이러한 제한 조건이 오히려 기회가 될 수 있다고 판단했습니다. 개발 규제로 아름다운 자연환경과 공동체 문화가 잘 보존되어 있고, 대전시에 편입되어 있지만 외곽에 위치해, 도시와 다른 생활문화를 가진 미호동은 해유가 꿈꾸는 '에너지자립마을' 모델을 실험하기에 좋은 조건을 갖추고 있었습니다. 해유의 관점에서는 오랜 세월 적절한 대안을 찾지 못했던 정다운마을쉼터 또한 에너지전환 실험실과 협업 플랫폼으로 기능할 충분한 가능성이 있는 곳이었습니다. 새로운 동력이 필요했던 미호동과 해유의 꿈과 전문성이 좋은 인연으로 잘 만나게 된 것입니다.

함께 만들어 가는 미호동넷제로공판장

© 홍진원

넷제로(net zero·탄소중립)는 온실가스의 배출량(+)과 흡수량(-)을 같게 만들어 더 이상 온실가스가 늘지 않는 '온실가스 증가 없음(제로) 상태'를 의미합니다. 다른 말로 '탄소중립'이라고 합니다.

미호동에서 탄소중립과 마을 단위의 에너지자치를 실현하기 위해, 대덕구, 신성이앤에스(주), 대전충남녹색연합과 해유는 미호동복지위원회와 손을 잡고 2020년 10월 '미호동넷제로공판장' 추진 협약을 체결했습니다. 미호동이 상수원보호구역이라는 공간의 제약을 넘어 새로운 기회의 장소가 되고, 기후위기 시대에 대안을 제시하는 에너지자립마을로 도약하기 위한 첫걸음을 뗀 것입니다.

이후 정다운마을쉼터는 지역 농산물과 수제품, 친환경 제품을 플라스틱과 일회용 쓰레기가 나오지 않는 방식으로 판매하는 매장(1층), 탄소중립 교육과 체험 프로그램, 전시, 모임 등을 진행하는 넷제로 도서관(2층)으로 구성된 '미호동넷제로공판장'(이하 '넷제로공판장')으로 재탄생하였고, 많은 사람들의 노력과 협력으로 2021년 5월 13일 개관하여 세상에 모습을 드러낼 수 있었습니다.

미호동의 중심에 공판장이 있다면, 변화의 중심에는 주민들이 있습니다. 대청파출소, 정다운마을쉼터 그리고 넷제로공판장으로 진화해 온 기나긴 여정을 함께하며 과거와 현재를 이어온 주인공입니다. 외지에서 들어온 낯선 사람들이 대덕구에서 마을 사람들의 편의를 위해 제공해 준 공간을 차지하고, 듣도 보도 못한 '넷제로'를 한다고 하니 처음에는 마을 사람들의 곱지 않은 시선과 걱정도 많았습니다.

지금은 '넷제로 사람들', '우리 넷제로' 하시며 반겨 주시고 자랑스러워하십니다. 생기를 잃었던 넷제로공판장은 외지인의 도움으로 이제 '우리의 공간'이 되었습니다.

"개관 직전에 주민들에게서 문제 제기를 받았어요. 예전 공판장처럼 라면, 소주, 막걸리 같은 주로 이용해 왔던 물건들을 팔라는 요구였지요. 통장님들과 상의하고 '주민디자인학교'를 하면서 나름은 소통을 했다고 생각했는데, 주민들은 '넷제로공판장'이 문제라고 생각하신 거죠. 운영하며 풀어갈 문제로 남겨두었는데 잘못 생각했던 거예요. 정부에서나 마을에서나 넷제로 실현은 매우 어려운 일이라고 새삼 느꼈어요. 에너지를 소비하는 데 익숙한 기존 문화와 생활 전반에 근본적인 변화가 필요하기 때문에 쉽게 생각해서 될 문제가 아니었던 겁니다. 그래서 우선 지역주민들의 의견을 대부분 수용해서 주민 생필품 코너를 공판장 내 좋은 위치에 마련하고 주민들과 넷제로공판장 공동운영위를 정기적으로 개최해서 운영 상황을 보고하고 안건을 논의하고 있습니다. 최근에는 '넷제로장터'를 같이 기획하고 준비하면서 서로 소통하고 관계가 두터워지는 경험을 하고 있습니다."

-마을에서 에너지전환을 디자인하다(양홍모 해유 이사장 인터뷰)
-[출처] 이무열, 「지역의 발명」, 착한책가게, 2022, 132쪽.

지난 4년간 미호동 주민들과 소통하고 협력하며 쌓은 신뢰는 해유가 넷제로공판장에서 새로운 도전을 이어가는 원동력이 되었습니다.

해유 사람들은 입버릇처럼 이렇게 얘기합니다.

"미호동은 참 아름답다! 어르신들을 정말 잘 만났다!!"

대전시 대덕구에 있는 미호동은 충청 지역민의 식수원인

대청호가 있는 마을이에요.

1980년 대청호의 수질 보호를 위해 상수원보호구역으로

지정된 미호동에는 벌말, 새터말, 숫골, 안골의 마을에

93가구(2024년 5월 기준)가 금강의 아름다운 자연환경을 지키며

함께 살아가고 있어요.

미호동이라는 이름의 유래도 금강과 관련이 있어요.

금강이 미호동의 동쪽에서 북서쪽으로 휘돌아 흘러내리는 모습이

마치 호수 같고 아름다워서 물결무늬 미(渼) 자와 호수 호(湖) 자로

이름을 지었다고 하고, 아름다운 호수와 같은 강가의 마을이라서

'미호'라 부르게 되었다고 해요.

- [출처] 대덕문화원

미호동넷제로공판장

미호,
해유를 만나다

1 공판장 × 주민 × 제로웨이스트

넷제로공판장은 다른 도시의 제로웨이스트 상점과 다른 특징이 있습니다. 단순히 물건을 홍보하고 판매하는 것에 그치지 않습니다. 미호동 주민들이 생산한 농산물이 제로웨이스트 상품의 원료가 되고, 넷제로공판장을 매개로 사람, 기관, 자원과 서비스가 연결되어 필요한 상품과 프로그램이 개발되기도 합니다.

그렇게 탄생한 미호동 생산 천연수세미와 소프넛, RE100 우리술(청주 '하타'와 약주 '단상지교'), 생분해 현수막과 솔라 플레이 블록은 어느새 미호동 마을과 넷제로공판장을 상징하는 대표 상품이 되었고, 지역 자원을 기반으로 한 넷제로공판장의 생산·판매 활동이 모범 사례가 되면서 강원도 양구에서 제주까지 전국 곳곳에서 견학을 오고 있습니다.

어버이날 미호동 어르신들께 감사의 인사를 드리는 해유 직원들

넷제로공판장에서는 누구나 발명가가 될 수 있습니다. 질문을 던지고 의견을 모으고 마을의 자원을 엮다 보면 어느새 함께 문제를 풀어가고 있는 '우리'를 발견합니다. 새로운 도전과 기회는 자기 성찰과 투명한 소통으로 신뢰를 회복하고 마을 공동체와 연결될 때 싹틀 수 있을 겁니다. 2020년 미호동에 넷제로공판장을 추진하면서 가장 먼저 시작한 일이 주민 자원 조사와 마을학교인 이유입니다. 주민이 주체로 함께 참여하지 않으면 마을 사업은 지속될 수 없기 때문입니다.

미호동 넷제로공판장&도서관

2층 넷제로도서관
- 기후위기, 에너지 전환, 환경 관련 도서 전시 판매
- 넷제로기획전시
- 체험 및 교육, 모임 공간

옥상
- 태양광 발전소
- 빗물저장소
- 태양열집열판

1층 넷제로공판장
- 지역의 친환경 농산물
- 지구에 해를 끼치지 않는 생활용품, 에너지전환 상점
- 탄소배출이 적은 최소한의 포장 과정을 거쳐 판매
- 에너지전환 모금 박스

천연세제(소프넛)
무환자나무

넷제로 마당
- 넷제로플리마켓
- 비전력공연
- 태양광오븐

CAFE
- 유기농 커피
- 특산품을 활용한 식음료
- 우리밀로 만든 건강한 스낵

전기자동차 급속충전소
자전거 이용자 테이블
미니태양광

1.5℃ 조형물

넷제로공판장 공간 안내

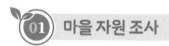 **01** 마을 자원 조사

넷제로공판장을 중심으로 에너지전환마을을 만들고 확산하는 과정에서 해유가 가장 중요한 가치로 생각한 것은 '지역 주민들의 참여'입니다. 마을주민들이 참여하고 협력하며 변화의 주체가 되는 것은 사업의 토대를 다지고 성패를 가르는 핵심 과제라 할 수 있습니다.

대청댐 건설로 일부 주택과 전답이 수몰되었지만, 미호동은 대청댐 인근의 다른 수몰 지역에 비해 옛 농촌 마을의 경관을 잘 유지하고 있습니다. 경관이 아름답고 도시 접근성이 좋은 미호동에는 오랫동안 마을에서 농사를 지으며 살아가고 있는 주민들, 대청호 관광객을 대상으로 식당, 카페 등을 운영하는 주민들과 전원생활을 목적으로 이주한 주민들이 함께 어우러져 살아가고 있습니다. 미호동 인구 210여 명 중 65세 이상 주민이 약 40%로 고령자가 많다는 점도 마을을 디자인할 때 고려해야 할 주요한 특징이었습니다.

하지만 주민들의 참여를 이끌어내기 위해서는 이런 기초적인 정보 외에도 미호동과 마을주민들을 제대로 이해하려는 노력이 필요했습니다. 주민들 간의 보이지 않는 마음의 경계를 허물고 마을을 새로운 시각으로 바라보고 이웃과 소통할 수 있는 기회를 제공할 필요도 있었습니다.

그래서 2020년 10월 28일부터 2주간 진행한 미호동 마을 자원 조사는 9명의 주민들이 조사원이 되어 39명의 주민들을 직접 만나는 방법으로 설계했습니다. 주민 조사원들은 사전교육을 통해 국내·외 마을공동체 혁신 사례, 마을 자원 조사의 목적과 방법에 대한 안내를 받았고, 2인 1조를 구성하여 대면 인터뷰를 진행했습니다. 조사 문항은 총 8개로, 개인 자원 조사 2개(좋아하는 것/잘 하는 것, 여가 활동), 마을 자원 조사 2개(마을의 자랑거리와 재주꾼 소개), 마을에 필요한 자원, 넷제로공판장에 대한 걱정과 기대 3개 문항과 기타 의견으로 구성되었습니다.

"나이가 많아서… 우린 이런 거 안 해 봐서… 어떻게 해야 하는지 모르는데…." 조사원 사전 교육을 하는 날 걱정을 했던 주민들은 1주일 만에 목표한 인터뷰 수량을 채웠고, 예상보다 풍부한 정보를 수집했습니다. 마을 자원 조사는 넷제로공판장 개관 전에 주민들의 삶을 이해하고 마을 현안에 대한 다양한 의견을 수렴하는 효과적인 방법이었습니다. 무엇보다 미호동 마을이 가지고 있는 유·무형의 자원 정보를 모으고, 넷제로공판장의 활성화를 바라는 마을 사람들의 기대를 확인할 수 있었습니다.

"우리 마을은 공기가 깨끗해요. 물이 맑아요. 자연환경이 좋아요. 우리 부녀회장님의 장 담그는 솜씨가 아주 훌륭합니다! 오인세 씨는 농기계를 아주 잘 다뤄요~. 풀만 무성한 땅들을 화단으로 잘 가꾸면 좋을 것 같아요. 제가 잘하는 것은 정원관리입니다!"
-주민 인터뷰 중에서

마을 자원 조사의 과정과 결과는 다음 과제인 마을학교를 설계하고 주민들의 참여를 이끌어 내는 밑바탕이 되었습니다.

2021년을 시작으로 매년 진행하고 있는 마을학교는 주민디자인학교, 넷제로장터 주민학교, 에너지마을학교 등 이름은 달라도 지향하는 바는 같습니다. 일단 모이고 새로운 정보를 배우고 함께 나아가야 할 공동의 목표와 과제를 확인하는 것입니다. 그 과정에서 서로 친해지고 신뢰가 쌓이면 다음 단계에 도전할 수 있는 에너지가 생겼습니다. 마치 태양광 패널이 에너지를 모으듯 마을학교를 통해 서로에게 집중하는 시간이 필요했습니다.

표 1. 2020년 미호동 자원 조사-인터뷰 문항 7번과 조사 결과

문항7. 넷제로공판장이 어떻게 바뀌었으면 좋겠습니까?		
주민 의견	수	세부 내용
지역 농산물 판매	7	
판매 품목 확대	7	
먹거리(분식, 반찬) 판매	7	
문화/복지 시설 마련	6	마을사랑방, 어르신 공부방, 음악감상실
운영시간 확대	4	
합리적인 가격	3	
면적 확대	2	
농산물 포장방법 개선	2	규격화, 진공포장
주민자치 강화	1	
기타	4	무인판매, 카페, 자판기, 다양한 가구/물건 배치

* 구체적인 답변 취합 후 재구성, 한 응답자의 여러 의견은 각각 별개로 집계함

02 마을학교

2021년 '비어있는 주민학교'는 5월 개관식을 앞두고, 미호동 살이에 익숙한 주민들이 새로운 관점에서 마을을 바라보고 넷제로공판장의 변화를 이끌고 미래를 준비하는 주체가 되길 바라며 기획한 첫 번째 마을학교였습니다. 주민들이 자신과 마을의

비어있는 주민학교

'비어있는 주민학교'는 주민들이 자신의 생각을 드러내고 지역활성화의 주체로서 역할을 경험하는 학교다. '비어있는 주민학교'는 원칙이 있다. 즐거워야 한다는 것, 공개적이라는 것, 전체의 관점이 아니라 자신의 관점에서 시작한다는 것, 주민 사이의 관계를 형성한다는 것이다.
'신나게 배우고 마을에서 쓰자'라는 교훈으로 준비된 미호동의 주민디자인학교는 비어있는 주민학교의 좋은 사례다.

출처 : 「지역의 발명」이무열 저, 착한책가게, 2021

이야기를 하며 즐거운 마음으로 소통할 수 있도록 몸짓과 노래를 배우는 연극 수업을 첫 시간으로 편성하고, 사진 강좌, 블록과 콜라주로 생각 표현하기, 글쓰기, 노래 만들기 등 이론 교육보다는 문화예술 활동에 초점을 맞추었습니다.

하지만 코로나19 방역 조치로 사회적 거리두기를 시행하던 때였고, 몸으로 표현하는 방식에 익숙하지 않은 일부 주민들은 불편함을 느끼기도 했습니다. 코로나19 확산으로 일정을 연기하다 어렵게 학교를 열었고 주민들과 대면하는 첫날이라 어색한 상황이 벌어지기는 했지만, 주민디자인학교는 넷제로공판장 개관을 주민들과 함께 준비하는 계기를 마련해 주었습니다.

특히 주민들이 직접 미호동을 대표하는 상품과 식음료를 개발하고, 마을의 이야기가 담긴 '미호송'을 공동 창작한 것은 2021년 마을학교의 큰 성과였습니다. 미호송은 글쓰기와 음악 수업 시간에 주민들이 쓴 '글'을 가사로 승화시켜 만든 곡입니다. 넷제로공판장 개관식에서 함께 부르며 많은 사람들의 가슴을 뭉클하게 했던 노래였습니다.

예쁘게 미소 짓는 사람들
옛 정취 묻어나는 미호동
고요한 대청호가 흐르는
우리의 마을 미호동
높고 웅장한 것은 없어도
공기 좋은 산책길 있죠

미호동넷제로공판장 개관식.
출처: 해유 네이버 블로그

미호동 넷제로에 모여서
다 함께 힐링해 봐요

2022년 마을학교는 한 단계 더 나아갔습니다. 2021년에 미호동 주민들과 시민들의 호응이 컸던 넷제로장터를 활성화하기 위한 특별한 학교를 연 것입니다. 다섯 차례 진행한 2021년 넷제로장터를 돌아보고 국내 플리마켓 사례를 살펴보면서, 주민들이 장터에 책임감을 갖고 기획부터 준비, 진행, 마무리까지 주체적으로 참여하는 방안을 모색했습니다.

그리고 '어떻게 하면 미호동에서 넷제로 활동을 잘 할 수 있을까?'를 주제로 바쁜 일상에 파묻혔던 생각의 조각들을 펼쳐냈습니다. 기후위기와 탄소중립 실천, 미호동 마을과 에너지전환, 넷제로공판장과 나의 삶은 어떻게 연결되어 있고, 우리가 꿈꾸는 세상과 실현하고자 하는 가치는 무엇인지 넷제로를 삶의 중심에 놓고 생각하는 의미 있는 시간을 가졌습니다.

2023년 마을학교에서는 주민들의 제안으로 '미호동 상수원보호구역 매수 토지의 친환경적 관리와 활용'에 관한 전문가 강의를 듣고 의견을 나누는 자리를 마련했습니다. 대청댐 건설 후 진행되어 온 환경부의 토지 매수와 공원 조성은 미호동의 농경지와 일자리를 줄어들게 하는 결과를 초래하였고, 주민들은 마을 발전을 저해하는 요인으로 문제의식을 가지고 있었습니다.

마을학교는 이러한 주민들의 이해와 요구를 드러내고 대안을 함께 모색할 수 있는 기회였습니다. 주민들이 주체가 되어

매수 토지
「금강수계 물관리 및 주민지원 등에 관한 법률」 제 8조는 국가가 상수원보호구역의 토지 또는 그 토지에 정착된 시설을 매수하여 수변생태벨트를 조성하는 등 금강 수계의 수질 개선을 위하여 활용할 수 있도록 규정하고 있다.

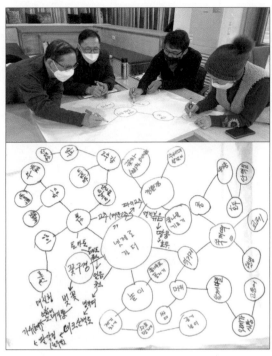
2022년 미호동 마을학교 4회차 '넷제로장터 잘 되는 비법' 생각 모으기

금강수계관리기금

「수계관리기금」은 4대강특별
법에 의하여 4대강 수계 수질
개선 및 상수원관리지역 주민
지원사업 등을 위하여 징수하
는 「물이용부담금」으로 조성
되는 각 수계별 자주 재원이
다. 수계관리위원회가 관리하
는 기금은 4대강수질개선 및
상수원 보호를 위해 긴요한
상류지역 지방자치단체의 환
경기초시설의 설치 및 운영비
지원, 주민지원사업, 수변구역
토지 매수 용도로 쓰인다.

상수원보호구역이라는 마을의 특수성에 맞는 교육 주제를 선
정하고, 금강수계관리기금으로 사업비를 확보하여 해유와 함
께 마을의 구조화된 문제를 해결하고자 하는 시도로도 의미가
큽니다. 마을학교를 통해 유채 꽃밭, 야외 미술관, 어린이 생태
놀이터 등 매수 토지 활용 방안에 관한 주민들의 다양한 의견을
모을 수 있었습니다.

　2023년부터는 미호동 마을에 재생에너지 발전설비가 설치
되고 에너지 자립을 위한 물적 토대가 마련되면서 '미호동 에너
지 레인저'로서의 주민 역량 강화에 초점을 맞춘 실무적인 교육

위너지 앱

마이크로그리드 실증사업 협력 기업인 신성이앤에스(주)에서 2023년에 개발한 에너지 정보 서비스. 각 가정의 태양광발전 및 전기 사용 현황을 스마트폰으로 간편하게 확인 가능한 애플리케이션

도 이루어졌습니다. 위너지 앱과 함께하는 에너지 수다, 인버터 점검, 전기고지서 제대로 보기 등 낯선 디지털 용어를 배우고 모니터링하면서, 주민들은 마을에서 함께 일군 변화를 직접 눈으로 확인하며 자부심을 느낄 수 있었습니다.

2024년에는 기후위기와 꿀벌, 밀원식물의 종류와 관리 방법 등을 배우는 '윙윙꿀벌식당' 학교를 열었습니다. 윙윙꿀벌식당은 마을주민이 임대해 준 텃밭에 새롭게 조성한 정원으로, 밀원식물과 들깨를 심고 가꾸어 기후변화로 위기에 처한 꿀벌들에게 안전한 서식처와 먹이원을 제공할 예정입니다. 이처럼 미호동 마을학교는 주민들의 요구와 마을의 필요에 따라 매년 다양한 내용과 형식의 교육 프로그램을 개설하고 있습니다.

마을학교는 이제 미호동 주민들과 해유 모두에게 의미 있는 마을 행사로 자리 잡았습니다. 마을학교에 한데 모여 즐겁게 공부하고 식사도 하면서 하하호호 웃다 보면 그간 쌓였던 앙금도 금세 풀리는 걸 느낍니다. 미호동 마을학교는 사라지고 있는 마을공동체 문화를 복원하고, 관계를 회복시켜 앞으로 나아가게 하는 주요한 역할을 하고 있습니다.

표 2 . 미호동 마을학교 개요(2021~2024년)

연도	교육 기간	횟수	주제	주요 내용
2021	2월 16일 ~3월 18일	10강	신나게 배우고 마을에서 쓰자 : 드러내기와 찾아보기를 통해 개인의 욕구와 마을의 필요를 연결하기	넷제로공판장의 식음료 제품 개발, 이야기/노래 만들기
2022	1월 18일 ~2월 15일	4강	마을에서 넷제로 활동을 잘 하려면? 미호동 넷제로장터 잘 되는 방법	2021년 넷제로장터 돌아보기, 국내 플리마켓 사례 배우기
2023	2월 14일 ~3월 14일	4강	매수 토지 주민 디자인과 친환경적 활용	상수원보호구역 토지 매수의 이해, 매수 토지의 생태적 디자인과 주민 활용 방안
2023	6월 13일 ~6월 22일	4강	미호동 에너지 레인저 : 에너지자립마을 만들기	위너지 앱과 함께하는 에너지수다, 전기고지서 제대로 보기
2024	2월 20일 ~2월 29일	4강	미호동 에너지자립마을과 탄소중립 주민참여사업	에너지 자립 현황과 절전 노하우 공유, 농촌형 탄소중립 및 생태순환 마을 사례, 탄소중립 우리 술 만들기
2024	4월 24일 ~4월 30일	5강	꿀벌들과 맛있는 공존, 윙윙꿀벌식당	기후위기와 꿀벌, 밀원수의 종류와 관리, 윙윙꿀벌식당 디자인

 03 외부견학 프로그램

넷제로공판장에는 매년 많은 사람들이 방문하고 있습니다. 지난 4년간 견학을 목적으로 사전 예약 후 찾아온 방문객만 2,500명 이상입니다. 견학의 목적도 환경교육, 취재, 청년 창업, 지역경제 및 공동체 활성화 등으로 다양하고 참가자의 연령도 유아부터 80대 어르신까지 고르게 분포하고 있습니다.

해유는 넷제로공판장을 방문하는 사람들이 에너지를 과소

비하는 생활 습관을 깨닫고, 일상에서도 탄소중립 실천을 이어가도록 돕고 있습니다. 미디어에서 탄소중립을 위한 실천 방법을 알려 줄 때와, 친구나 지인이 '나는 넷제로공판장에서 물건을 사고 체험을 한 후 이런 저런 친환경 활동을 하고 있다'며 동참을 권유할 때의 느낌은 전혀 다르기 때문입니다. 후자가 더 효과적으로 실질적인 행동을 이끌어 냅니다. 해유가 단순한 물품 판매를 넘어 넷제로공판장에서 다채로운 체험 교육을 진행하는 이유입니다.

해유가 진행하는 넷제로 교육 프로그램도 나날이 진화하고 있습니다. 지역에서 가시화되고 있는 에너지전환의 경험과 탄소중립 실천의 노하우가 쌓이고, 넷제로공판장을 이용하는 방문객이 늘고, 인적·물적 네트워크가 확장될수록 양질의 서비스가 창출되는 선순환이 일어나고 있습니다.

초기에는 기본 환경교육과 함께 주로 제로웨이스트 생활용품 만들기, 채식 요리, 양말목 체험 등을 진행하였고, 이후 새로운 상품이 개발되고 주민 활동가들이 늘어나면서 태양광 랜턴 만들기, 솔라 플레이 블록 놀이, 솔라시스터즈와 함께하는 RE100 마을투어, RE100 우리술 시음 등 미호동만의 특화 프로그램이 결합되어 서비스가 다양화되었습니다. 재정이 여의치 않은 사업의 경우, 해유에서 네이버 해피빈 시민 모금을 기획하거나 사업비를 마련하여 더 많은 사람들이 맞춤형 교육을 받을 수 있도록 지원하기도 합니다.

표 3. 넷제로공판장 견학 프로그램 구성

교육	체험	소개·투어
기후위기 에너지전환 탄소중립 ×	빛이 나는 Solar (태양광 랜턴 만들기) 솔라오븐 체험 천연샴푸바 만들기 고체치약 만들기 미호동 천연수세미 만들기 탄소중립 건축물 만들기 (솔라 플레이 블록) ×	해유×미호동 넷제로공판장 RE100 마을투어

순서	프로그램	세부 내용(희망 교육/체험 선택)
1	반가워요!	웰컴 드링크(미호동 효소 음료)
2	넷제로 교육	해유와 넷제로공판장 소개
		기후위기와 탄소중립
3	채식 식사(옵션)	
4	미호동 마을 산책	
5	넷제로 라이프스타일 체험	빛이 나는 Solar(태양광 랜턴 만들기)
		솔라오븐 체험
		천연샴푸바 만들기
		고체치약 만들기
		미호동 천연수세미 만들기
		탄소중립 건축물 만들기(솔라 플레이 블록)
		RE100 마을투어
6	매장(1층) 투어와 친환경 물품 구매, RE100 우리술 시음(성인)	

무엇보다 해유와 미호동 마을을 방문한 인연은 일회성이 아닙니다. 대전광역시 환경교육센터는 최다 방문을 기록한 기관이고, 대전일자리지원센터는 3년, 신탄진고등학교는 2년 연속으로 견학을 오고 있습니다. 2023년에는 교육 협력 사업으로 영일지역아동센터와 '넷제로 미호동 밭두렁 투어', 대전청년내일센터의 '청춘나들목 나들목여행사 프로그램'과 (사)환경교육센터의 'Go with GREENER'를 진행하며 타 기관과의 연대와 협력도 이어가고 있습니다.

해유는 미호동 마을에서 주민들과 함께 일군 에너지전환과 탄소중립 실천의 경험이 보다 많은 지역으로 확산되길 바라며 오늘도 열심히 손님맞이를 준비하고 있습니다.

방문객을 맞이하는 미호동넷제로공판장 카피-넷제로는 당신이다

해유가 자주 받는 질문 TOP10

1. 넷제로공판장은 어디에서 운영하는 거예요?

2. 정부에서 지원을 받고 있나요?

3. (해유를 알기 전) 할 일이 많지 않을 것 같은데 직원들이 많네요.
   뭐가 그리 바빠요?

4. (해유를 알고 난 후) 그 많은 사업을 이 인원으로 추진하는 게
   가능해요?

5. 넷제로공판장은 매장도 작고 손님도 별로 없는데, 어떻게
   인건비(정규직 4명+계약직 4명+솔라시스터즈 4명) 지급이
   가능한가요?

6. 매장 임대료는 없는 거죠?

7. 관광버스 타고 온 사람들은 누구예요?

8. 미호동 주민들과 어떻게 좋은 관계를 맺을 수 있었나요?

9. 새로운 사업에 대한 아이디어는 어떻게 발굴하나요?

10. 가장 인기 있는, 잘 팔리는 상품은 무엇인가요?

☞ 궁금하시다면? 미호동넷제로공판장으로~ 놀러오세유~~

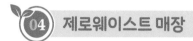
04 제로웨이스트 매장

넷제로공판장 1층 매장 ⓒ홍진원

　넷제로공판장의 1층 매장은 플라스틱으로 인한 환경오염과 쓰레기 발생을 줄이고 넷제로를 실천하기 위해, 재사용 용기와 천, 종이를 사용한 포장과 소분(小分) 판매를 원칙으로 운영하고 지역 농산물을 포함한 다양한 대안 물품을 판매하고 있습니다.

일회용품 없는 매장

모든 음료는 집이나 사무실에서 사용하지 않는 텀블러나 머그컵을 기증받아 판매하고 있습니다. 스스로 설거지를 할 수 있는 공간도 마련되어 있는데, '스스로 설거지대'는 매장에서 판매

음료를 마신 후에는 스스로 설거지를 해야 한다.

하는 고체 설거지바와 소프넛, 천연수세미 등의 대안 물품을 체험해 볼 수 있는 기회이기도 합니다. 그리고 매장에서는 페트병 생수를 판매하지 않고 자전거를 타고 오거나 대청댐으로 나들이 나온 시민들이 물을 담아가거나 마실 수 있도록 안내하고, 음료 포장을 원하면 가지고 온 컵을 사용하거나 텀블러를 대여할 수도 있습니다.

물품을 판매할 때도 비닐봉지를 제공하지 않고 가방에 넣어가도록 안내하고, 재사용이 가능한 장바구니와 종이 가방, 손수

건 등을 활용하고 있습니다. 유기농 면 스카프를 개발하여 다양한 포장법과 쓰임새를 홍보하고, 사용하지 않는 손수건과 신발끈을 기부받아 재사용 주머니를 만드는 프로젝트를 '바다생각(시민 모임, 주머니 제작 재능 기부)'과 공동으로 추진하는 등 재사용·새활용 문화를 확산하기 위한 캠페인을 진행하기도 했습니다.

개장 초기에는 일회용품이 없는 매장, 스스로 설거지를 하는 시스템을 매우 불편하게 생각하는 사람들이 많았습니다. 하지만 지금은 불편함이 당연한 매장이 되었고, 제로웨이스트와 탄소중립을 실천하는 전환의 공간이 되었습니다. 전국에서 넷제로공판장의 사례를 배우러 찾아오는 사람들도 꾸준히 늘고 있습니다.

ⓒ 홍진원

소분 판매

필요한 양보다 많이 사거나 불필요한 포장으로 발생하는 쓰레기를 줄이기 위해, 검은콩, 녹두, 참깨 등 미호동에서 생산한 지역 농산물, 무환자나무 열매 껍질(소프넛)과 씨앗을 무게 단위로 소분하여 판매하고, 과탄산소다, 구연산, 세탁세제, 주방세제 등의 세제류도 다 쓴 용기를 가져와 덜어가도록 하고 있습니다. 용기를 가져오지 않은 사람들을 위해 씻어서 소독한 재사용 유리병, 종이, 천 가방 등을 비치해 두고 있습니다.

대안 물품

플라스틱 대체 소재, CXP

CXP는 Cellulose Cross-linked Polymer의 약자로, 셀룰로오스끼리 자가 결합하여 만들어진 플라스틱 대체 소재다. 나무의 천연 성질을 가지면서 가공 및 관리가 간편하고, 임업부산물을 이용하기 때문에 탄소 저장에 효과적이면서 낮은 단가로 생산할 수 있다.

넷제로공판장에서는 상수원보호구역인 미호동에서 생산되어 탄소배출이 적은 친환경 농산물, 다행(다시쓰는 행복, 다시쓰는 행동)공방, 바느질하다 등 지역 공방의 수제품, 자연에서 빨리 분해되는 원료(대나무, 천연고무, CXP 등)의 제품, 생산부터 폐기까지 탄소배출이 적은 제품(RE100 우리술 등), 불필요한 포장을 줄이고 플라스틱을 사용하지 않은 제품(고체치약, 샴푸바, 설거지바 등)을 엄선하여 판매하고 있습니다. 재료뿐만 아니라 생산과정도 꼼꼼히 따진 친환경 상품들입니다.

제로웨이스트를 처음 시도하는 사람들을 위해 사용 후기를 바탕으로 생분해 고무장갑, 대나무 화장지, 마수세미와 같은 입문 아이템을 추천하고, 씻어 쓰는 배변패드, 친환경 배변봉투

공판장에서 판매되는 대안 물품들

등 반려동물과 함께 실천할 수 있는 제로웨이스트 물품도 판매하고 있습니다. 좀 더 많은 사람들이 대안 물품을 접할 수 있도록 대상과 용도에 맞게 여러 가지 상품을 꾸러미로 묶어 판매하는데 선물용으로 큰 호응을 얻고 있습니다. 그리고 단옷날에는 낯선 창포물 대신 샴푸바를 사용하자는 캠페인을 진행하고, 꾸러미 구독 서비스를 오픈하는 등 친환경 소비문화를 확산하기 위해 다양한 시도를 하고 있습니다.

표4. 넷제로공판장 대안 물품 목록 (2021~2024년)

구분	생산자 업체	상품
미호동 농산물	권보배	결명자차, 들국화차, 맨드라미차, 마리골드차, 백도라지차, 쑥차, 옥수수수염차, 자색김장무차, 건가지, 둥글레, 말린 호박, 비트, 뽕잎, 여주, 오가피, 취나물, 녹두, 볶은 검은깨, 볶은 들깨, 약콩, 고춧가루, 생강 분말, 들기름, 가시오가피 효소, 모과 효소, 들국화 방향제
	김금숙	마늘고추장, 옥수수차, 모과 효소, 미나리 효소, 하얀민들레 효소
	김영순	강낭콩, 검은콩, 백태, 붉은팥, 참깨, 뽕나물, 엄나물, 오가피, 토란대, 고춧잎, 참깨, 들기름, 옥수수차, 매실 효소
	김옥녀	검은콩, 재팥, 늙은 호박, 수세미, 고구마 줄기, 맨드라미차, 오디 효소
	김완득	늙은 호박, 말린 호박, 말린 가지, 볶은 무차, 전통찹쌀 고추장, 된장, 간장, 간장소금
	두미영	국화차, 마리골드차, 오디잼
	백태옥 조인우	녹찰, 홍찰
	송희섭	검은 동부, 땅콩, 무말랭이, 붉은팥
	양옥희	현미, 서리태, 개복숭아 효소, 솔잎 효소
	이순화	백도라지 효소, 살구 효소
	이영실	된장, 마늘고추장
	이판연	백태, 약콩, 옥수수차
	이학희	강낭콩
	이해월	백년초 효소
	조영아	매실 효소, 복분자 효소, 아로니아 효소, 앵두 효소, 수세미, 강낭콩, 고사리, 뽕잎 가루, 들기름
	황민자	무차
	–	미호동 소프넛, 무환자나무 묘목과 씨앗 밀원수(칠자화 포트묘, 헛개나무 등)

전통주	신탄진 주조	RE100 하타, RE100 단상지교, 막걸리
생활 용품/ 세제	그린 블리스	거즈손수건, 양말, 어린이 마스크
	꽃마리	세탁용 과탄산소다솝, 타블릿 식기세척기 세제, 트래블 솝 에디션
	나무와 목공방	나무도마
	누르	생리대
	다행공방	마수세미, 면 마스크
	닥터노아	고체치약, 대나무 칫솔, 대나무 칫솔통, 스텐 혀클리너, 규조토 칫솔꽂이, 고체치약 틴케이스
	바느질 하다	지갑, 에코백, 삼각 보자기, 파우치, 로브가디건, 파자마, 곱창밴드, 컵받침
	법촌공예	나무 국자, 나무 뒤집개, 나무 볶음수저, 나무 수저세트, 나무 요리젓가락
	비누잎	설거지 비누
	순천물류	드링크 자(Jar)
	심플소요	비건설거지바
	예고은 삼베	삼베 샤워타올, 삼베 스크럽타올, 삼베 덮개, 삼베 커피필터, 삼베 행주, 삼베 수세미실
	에코그린 라이프	다용도 삼각스텐집게, 도넛 야자솔, 지팡이 야자솔
	오베아	실리콘 빨대
	인스케어 코어	대나무 화장지, 대나무 롤키친타올
	지구별 가게	유기농 소창행주
	지구샵	고체치약, 식기세척기 가루세제, 사이잘솔, 스텐 빨대
	천향	창포 헤어바, 화장지움 비누, 순비누

	탄소창고	칫솔, 허클리너, 비누받침, 소품 정리함, 사각화분, 쑥쑥화분, 가볍게 접시, 단단한 밀폐용기, 목재 쟁반, 주걱
생활 용품/ 세제	태영상회	린넨주머니, 삼베주머니
	톤28	샴푸바, 트리트먼트바
	퍼니스쿨	마끈
	프랜즈얀	코바늘
	하얀손 산업	천연고무장갑
	-	린넨 손수건, 집게 걸이, 텀블러(대여)
문구 장난감	지구나무	무지 노트, 스프링 노트, 재생지 스케줄러, 재생지 유선 노트, 색연필, 종이 연필, 종이 볼펜, 천연고무 지우개, 재생가죽 펜슬캡, 대나무 연필깎이, 바인더
	탄소창고	리필 젤펜심, 볼펜, 퀵젤펜, 나무로블록
애견 용품	그리팅 테일	배변패드, 폽백 파우치, 타프샴푸바

 생분해 현수막

환경부 보도자료(2020년 4월 10일)에 따르면, 2018년 한 해 동안 전국에서 9,220톤의 현수막 폐기물이 발생하였고 이 중 5,649톤(61.3%)을 소각 처리하였다고 합니다. 석유가 원료인 합성수지 현수막은 매립 시 잘 분해되지 않고 소각을 하면 온실가스와 발암물질 등 유해물질이 다량 배출되기 때문에 폐현수막의 발생과 처리는 심각한 사회문제로 대두되고 있습니다. 해유는 현수막 사용을 줄이기 위해 실내에서는 되도록 종이 상자와 같은 재활용품을 사용하지만, 불가피하게 야외 현수막을 제작해야 할 때마다 고민이 많았습니다. 그러다 해유 조합원인 광고회사 근영D&P와 협업을 통해 생분해 현수막을 넷제로공판장의 새로운 메뉴로 추가할 수 있었습니다. 근영D&P에서는 PLA(옥수수와 사탕수수 등의 식물로 만든 생분해성 수지)를 소재로 생분해 현수막을 제작하고, 해유에서는 홍보와 주문 접수 등의 업무를 대행합니다. 생분해 현수막을 주변에 홍보해 환경 문제도 줄이고 지역의 소상공인과 손을 잡고 상생하는 사업 모델입니다. 현수막 사업을 시작한 2022년 20건, 2023년 25건(66개)의 제작 의뢰가 있었고, 이후로도 꾸준히 입소문을 타고 주문이 늘고 있습니다. 생분해 현수막을 모르는 단체는 있어도 한 번만 주문한 곳은 없다는 후문도 있습니다.

"이제 현수막도 넷제로스럽게 제작하세유~."

 ## 06 소프넛과 천연수세미

넷제로공판장 마당에는 특별한 나무 두 그루가 있습니다. 전국의 제로웨이스트 상점에서 판매되는 소프넛(천연세제 열매)이 가을에 주렁주렁 열리는 무환자나무입니다.

소프넛(Soapnut)은 이름에서도 알 수 있듯이, 열매 껍질에 천연 사포닌 성분이 풍부하고 항균 및 살균 기능이 뛰어나 비누

넷제로공판장 수호신, 무환자나무

대용으로 사용되고 있습니다. 무환자나무는 집 안에 심으면 자
식에게 우환이 미치지 않는 나무라 하여 무환자(無患者)라 하고,
예로부터 집안의 우환과 근심을 없애 주는 나무라고 믿어 왔습
니다. 악귀를 물리친다고 하여 검은 씨앗으로는 염주를 만들고
목재로 그릇과 목침을 만들어 쓰기도 했습니다.

　해유는 이렇게 쓸모 있고 의미 있는 무환자나무가 넷제로의
가치와 확산을 상징하는 나무로 알려지고 활용될 수 있도록, 넷
제로공판장 텃밭에 묘목을 심고 주민들도 나누어 심었습니다.
하지만 묘목이 자라려면 시간이 오래 걸리니 다른 방법도 강구
해야 했습니다. 고심 끝에 지리산 하동에서 20살이 넘은 무환
자나무 두 그루를 마당에 옮겨 심었고, 고맙게도 나무들은 건강
하게 잘 자라 매년 결실을 맺고 있습니다.

　지금도 무환자나무의 좋은 기운이 더 많은 지역으로 퍼져 나
가길 바라며 씨앗과 묘목을 지속적으로 공급하고 있고, 식목일
에는 무환자나무 묘목을 판매하는 이벤트를 진행하기도 했습
니다. 도토리를 저장해 추운 겨울을 나고 숲을 가꾸는 동물들처
럼, 마을 사람들과 함께 희망의 씨앗을 심고 가꾸는 정원사로

일하고 있는 것입니다. 무엇보다 미호동의 무환자나무 농사는 해유가 지향하는 대표적인 '제로웨이스트×순환경제' 구축 사업이라는 점에서 의의가 큽니다. 미호동 주민들은 무환자나무를 키우고 소프넛, 씨앗, 묘목을 판매해 수익을 얻고, 시민들은 플라스틱 용기에 담긴 화학세제 대신 <u>천연 소프넛</u>을 사용해 설거지와 빨래를 하면서 환경 사랑을 실천할 수 있습니다.

소프넛 사용법

뚜껑 있는 병에 따뜻한 물과 함께 소프넛 5~7개를 넣고 흔들면 거품이 나고 바로 세제로 사용할 수 있다. 보다 자세한 팁은 해유 네이버 블로그 참조

미호동의 특산품, 천연수세미

"소비자가 희고 예쁜 걸 원하면 생산자들도 하얗게 표백하게 되거든요. 하지만 수세미는 누리끼리한 색을 지닌 게 자연스러운 거예요. 사용하면서 자연스럽게 하얘지는 거고요. 동네 사람들한테도 우리는 표백하지 말고 자연 있는 그대로 판매하자고 얘기해요."

"강아지 집 지붕 위쪽에 수세미 씨앗 세 개를 심었는데, 줄기가 지붕을 타고 어마어마하게 뻗더니 300개의 열매가 열렸어요. 수세미는 땅이 좋고, 햇빛 좋고, 줄기가 뻗어나갈 수 있는 지지대만 있으면 얼마든지 퍼질 수 있다는 걸 알았어요. 한 동네 사는 영아님, 순화님에게도 수세미 모종 나눔 해서 같이 수세미 심자고 권유하며 다녔어요. 수세미가 우리 동네 특산물처럼 되면 좋겠다는 상상도 해보면서요."

[출처] 넷제로를 꿈꾸는 미호동 사람들-천연수세미 전도사 미영 씨의 적게 소유하는 즐거움(2022.7.4.) / 해유 네이버 블로그(글. 임유진)

미호동 생산 천연수세미

　미세플라스틱 없는 천연수세미의 전도사가 되고 싶다는 주민 두미영 씨의 인터뷰에서 수세미에 대한 사랑이 느껴지지요? 미영 씨는 대전 시내에 살다 미호동에 정착한 지 7년이 된 수세미 생산자입니다.

　미영 씨의 수세미는 미호동 넷제로장터에서 판매한 것이 계기가 되어 공판장 매장에 정식 입고되었습니다. 지역 농산물로 만든 천연수세미는 소프넛과 함께 공판장을 대표하는 특별한 제로웨이스트 상품이 되었습니다. 미영 씨의 예언이 적중한 셈입니다.

　수세미외라고도 불리는 '수세미오이'는 열매, 수액 등 여러 모로 쓸모가 많아 예부터 담장이나 울타리에 흔히 심어 기르던

박과의 한해살이 덩굴식물입니다. 합성수지나 스펀지, 철제제품과 같은 현대의 수세미가 등장하기 전에는 볏짚을 실패처럼 만든 뒤 그릇을 씻거나 수세미오이의 씨를 담고 있는 섬유질의 망상조직을 활용해 그릇을 닦았습니다.

천연수세미는 손 크기와 냄비 크기에 맞게 잘라 쓸 수 있고 세제를 많이 묻히지 않아도 기름기가 아주 잘 닦입니다. 사용하면서 미세플라스틱이 발생하지 않고 쓰다가 밭에 버리면 퇴비가 되니 누구나 부담 없이 시도해볼 수 있고 플라스틱 대체 효과가 큰 상품입니다.

'made in 미호동' 천연수세미는 미호동 주민들과 함께 만들어 파는 넷제로공판장의 대표 상품으로 소프넛과 함께 제로웨이스트 운동의 일등 공신이 되었습니다. 3개의 수세미 씨앗이 줄기를 뻗어 300개의 열매가 되었듯, 넷제로공판장의 수세미오이가 또 어떤 곳에서 가지를 뻗어 열매를 맺을지 기대가 큽니다.

 솔라 플레이 블록

넷제로공판장에는 환경교육을 위해 어린이집, 지역아동센터, 초등학교 등 다양한 유아동 교육 및 돌봄 기관에서 방문하고 있습니다. 해유는 어린이들이 놀이를 통해 환경문제를 생활 속에서 쉽고 재밌게 체감할 수 있는 방법을 늘 고민해 왔습니다. 어린이의 눈높이에 맞는 교구와 교재의 개발은 탄소중립 교육 사업의 기반을 마련하기 위해 해유가 해결해야 할 과제이기도 합니다.

어린이 탄소중립 교구에 대한 아쉬움과 간절함이 문제 해결을 이끈 걸까요? 해유는 많은 어린이들이 즐기는 블록 장난감을 플라스틱이 아닌 친환경 소재로 만들면 좋겠다는 생각을 했고, 넷제로공판장에서 판매하는 칫솔, 혀클리너, 비누받침 등의 생활용품 소재인 CXP로 블록 교구를 생산하기 위해 대전시 소재의 동남리얼라이즈(CXP 공급), 마이크로발전소(교구 개발)와 협업을 추진했습니다. 그리고 2023년 재생에너지와 친환경 건

솔라 플레이 블록과 CXP 블록을 활용한 탄소중립 건축물 만들기

축물을 놀이로 배우고 체험할 수 있는 '솔라 플레이 블록'을 개발하였습니다. CXP는 임업 부산물을 원료로 만든 플라스틱 대체 소재로, CXP 제품을 생산하는 동남리얼라이즈의 제로웨이스트 브랜드 '탄소창고'는 폐기된 제품을 수거하는 자원순환 시스템도 갖추고 있습니다.

솔라 플레이 블록은 햇빛으로 전기에너지를 생산하고 USB 제품을 연결할 수 있도록 디자인한 CXP 태양광 블록입니다. 집, 학교, 다리, 탑 등 넷제로 공간을 디자인하며 창의적인 블록 놀이를 즐길 수 있습니다. 솔라 플레이 블록의 개발은 제로에너지 건축물 조립 설명서와 '꼬리에 꼬리를 무는 탄소중립 이야기' 교재 제작으로 이어졌고, 해유가 본격적인 탄소중립 교육사업을 할 수 있는 기반을 만들어 주었습니다.

2024년에는 기후·환경, 에너지, 건축 등을 주제로 솔라 플레이 블록과 CXP 블록을 활용해 우리가 살아가는 공간을 창의적으로 재구성하는 어린이 '솔라 블록 대회'를 개최하고, 지역아동센터 어린이들이 공정하게 탄소중립 교육의 기회를 누릴 수 있도록 블록 교구와 교육 프로그램을 제공하는 등, 해유가 개발한 탄소중립 교구와 교재가 다양한 교육기관과 프로그램에 활용될 수 있도록 시민 참여를 통한 기금 마련과 판로를 꾸준히 모색하고 있습니다.

배달음식 시키기 힘들어도… **"저는 지금이 행복합니다"** 주민 두미영

[넷제로를 꿈꾸는 미호동 사람들] 천연 수세미 전도사 미영 씨의 적게 소유하는 즐거움
[글/사진 임유진]

미호동에서 천연수세미를 재배하는 두미영 씨

두미영(54) 씨는 대전 대덕구 미호동에 사는 여성 소농이다. 대전 시내권에 살다 미호동에 정착한 지 5년이 됐다. 그가 주로 재배하는 작물은 수세미다. 얼마 전 넷제로공판장 뒤편 텃밭에 수세미 모종을 나눔 하러 온 미영 씨에게 그의 '수세미 성공 신화'를 들었다. 수세미 씨앗을 세 개 심었는데 300개의 열매가 열렸다는 수세미 풍년 이야기.

"집 옆 마당에 봄이랑 겨울이라는 강아지가 살아요. 강아지 집 지붕 위쪽에 수세미 씨앗 세 개를 심었는데, 줄기가 지붕을 타고 어마어마하게 뻗더니 300개의 열매가 열렸어요. 수세미는 땅이 좋고, 햇빛 좋고, 줄기가 뻗어나갈 수 있는 지지대만 있으면 얼마든지 퍼질 수 있다는 걸 알았어요."

천연수세미의 매력에 빠지다

2020년의 일이다. 그는 솥단지에 수세미를 삶고 말리는 과정을 반복하며 껍질을 벗겨내 설거지용 천연 수세미를 만들어 냈다. 사람들에게 박스 단위로 나눔하고도 수세미는 남았다.

다음해 미호동에 넷제로공판장이 만들어졌고 그곳에서 미호동 농산물을 판매할 수 있는 장이 열렸다. 지역 주민의 콩, 말린 호박, 된장, 고추장과 나란히 미영 씨의 수세미도 넷제로공판장에 입고됐다.

> "판매금액은 4만~5만 원 됐던 것 같아요. 한 동네 사는 영아님, 순화님에게도 수세미 모종 나눔해서 우리 같이 수세미 심자고 권유하며 다녔어요. 수세미가 우리 동네 특산물처럼 되면 좋겠다는 상상도 해보면서요."

미영 씨의 수세미 사랑은 남다르다.

> "소비자가 희고 예쁜 걸 원하면 생산자들도 하얗게 표백하게 되거든요. 하지만 수세미는 누리끼리한 색을 지닌 게 자연스러운 거예요. 사용하면서 자연스럽게 하얘지는 거고요. 동네 사람들한테도 우리는 표백하지 말고 자연 있는 그대로 판매하자고 얘기해요. … 천연 수세미는 세제를 많이 묻히지 않아도 기름기가 아주 잘 닦여요. 또 쓰다가 밭에 버리면 밭 거름이 되고요. 또 수세미가 설거지할 때만 쓰이는 게 아니예요. 남편이 한 달을 넘게 기침을 한 적이 있어요. 그때 수세미가 섬유질이 생겨 단단해지기 전에, 말려서 가루를 만들었어요. 그걸 밥할 때 많이 넣었는데, 그렇게 수세미를 많이 섭취하니까 기침도 다 낫고 감기도 절대 안 걸리더라고요."

미영 씨의 텃밭에서 수세미 모종을 나눔하고 있다.

미호동에서의 새로운 삶

미영 씨가 남편, 아들과 함께 미호동에서 살기 시작한 때는 2017년이다. 대전 시내권 직장을 다니는 남편이기에 대전 근교 농촌을 알아보다 미호동을 우연히 알게 됐다. 연고가 있진 않았지만 "시골에서 직접 간장, 고추장, 된장 담그면서" 지내고 싶던 그의 꿈을 실현할 동네였다.

그의 집 주위에는 나무가 한가득이다. 그 나무에서 보리수, 앵두, 자두, 사과, 감, 대추 등을 수확하는 재미가 쏠쏠하다.

> "어느 해에는 단감나무 한 그루에 감이 160개가 열렸어요. 그래서 하루에 두 개씩은 꼭 따먹었어요. 올해는 보리수도 많이 열리고. 해마다 미나리도 정말 많이 자라고요. 꽃도 주위에 심는데, 다음해에 꽃이 자기 친구를 데리고 오더라고요. 해가 갈수록 풍성해져요."

초반에는 묘목시장에서 나무를 사와 열매를 채집하는 생활을 하다가, 동네 부녀회장님이 배추를 심으라고 밭 두 고랑을 내어주어 그곳에 배추를 직접 심고 그해

김장도 해봤다. 지금은 집 뒤편 땅에 깻잎, 고추, 상추, 토마토, 땅콩, 오이, 가지, 대파, 해바라기 등등 이것저것을 심은 텃밭도 직접 일구고 있다. 농사가 그에게 가장 큰 기쁨을 주는 때는 "주위 사람들에게 나눌 수 있는 순간"이 왔을 때다.

"3년 전에 대파가 엄청 비싸던 때가 있었어요. 그때 우리집 대파가 많이 자랐어요. 그래서 동네 사람들한테 대파 뽑아 가시라고 하고. 그런 게 너무 좋았어요. 나눠주는 순간. 줄 수 있다는 게 이런 거구나 싶었어요."

미호동의 삶이 그의 가치관을 점점 깊게 하는 건 아닐까 짐작해 본다. '일 안 해?' 이렇게 눈치 주는 사람은 아직도 있지만, 경제활동을 전업으로 하지 않을 뿐 미영 씨의 삶에는 무수한 일들이 있다. 올 여름에는 매실을 수확해 매실청을 담그고, 고추를 수확해 고추장을 담그는 등 먹을거리를 조금씩 자급자족 중이다.

"많은 것을 가진다는 건, 누군가의 것을 빼앗은 것이라는 말이 있잖아요. 식량도 어디에선 남아돌고 어딘 굶주리고 있는 지금의 현실도 그런 맥락인 것 같아요. 너무 많이 가지려고 하는 욕심은 내려놓아야겠다, 그런 생각이 점점 짙어져요."
"저는 지금 가진 것으로 만족해요. 남들 가진 것 나도 가져야지 이렇게 생각하지 않아요."

넷제로공판장과의 인연

미영 씨는 넷제로공판장에 작년엔 천연수세미를 냈고 요즘은 오디잼을 만들어 입고 중이다. 넷제로공판장과의 인연은 작년 초 열린 미호동 주민디자인학교에서 시작됐다. "그때 수업 중에 글쓰기 시간이 있어, 어릴 적 집에서 딸로서 차별받는 상황을 썼었어요." '나의 이야기'를 꺼내놓았던 그곳에서 동네 주민들의 이야기도 함께 듣게 됐다.

> "집에서 존재감 자체가 없었다는 이야기, 그래서 할 얘기가 없다고. 눈물만 나온다고 얘기하시고. 그때 많이 울컥했어요. 조금씩은 다르겠지만, 딸로서 겪은 애환을 들으면서 안아주고 싶다는 마음이 생기고, 사람들과도 전보다 더 가까워지는 계기가 되었어요."

미영 씨가 겨울이와 함께 찍었다.

그 경험은 동네 주민과 관계를 회복하고 전환하는 계기가 됐다. "전에 동네에서 다 같이 놀러갔었는데 술 마시고 흥에 취해 노래하고 춤 추시고… 그런데 저는 잘 어울리지를 못했어요. 술도 아예 못 마시고. 그러다 넷제로공판장 활동에 참여를 열심히 하니까, 저에 대한 동네 사람들 시선이 좀 달라졌다는 걸 느낀달까요."

이후 그는 주민들과 함께 환경을 주제로 한 인형 그림자극단 활동에도 동참했다. '미호동723'이란 극단 이름도 제안, 채택됐다. "미호동을 오가는 버스가 단 두 대거든요. 72번과 73번. 또 아들이 버스기사니까, 버스에 대한 애정도 담았고요." 그림자극 활동을 하며 자신이 직접 만든 국화차와 마리골드차를 사람들에게 선물로 나누면서 "선한 영향력을 나누고 전하며 살고 싶은 마음"을 더욱 굳혔다.

"예전에는 남들보다 느리게 사는 저를 자책하기도 했어요. 그렇지만 미호동에 살면서 속도보다 방향이 중요하다는 걸 자연스레 터득하게 돼요. 더 적게 소유하고 소비할수록 사유하는 것은 풍성해지잖아요. 저는 미호동에 사는 지금이 정말 좋아요."

'넷제로'에 대한 생각을 물으니, 그는 삶의 태도를 이어 말한다.

"미호동에 살다 보면 배달 음식을 시켜먹는 게 쉽지 않잖아요. 예전에는 냉장고에 뭐라도 막 채워놔야 될 것 같았는데, 지금은 밭에 가면 뭐든 있으니까. 마음이 편안해요."

"'넷제로'라는 게, 기업이 '돈'을 위해 24시간 공장을 풀가동한다든지, 사람들을 죽어라 일만 시킨다든지 이런 걸 멈추는 것에서 시작되는 것 같아요. 예전에는 일을 쉬지 않고 하는 사람들 속에서 제가 '비정상'이라 여기기도 했지만, 이제는 아니라는 걸 알아요. 사회가 전반적으로 속도를 늦춘다면, 지금의 기후위기도 대안의 실마리가 보이지 않을까요?"

2 | 넷제로 라이프스타일

넷제로(Net-Zero)는 유엔기후변화협약에서 산업화 이전 대비 지구 평균 기온 상승을 1.5도 이하로 제한하기 위해 인류가 2050년까지 달성하기로 설정한 목표입니다. 기후위기가 심각해지면서 넷제로는 이제 단순한 목표가 아닌 인류의 생존과 지속 가능한 미래의 마지노선이 되었습니다.

해유는 넷제로가 우리 삶 곳곳에 스며들어야 한다고 생각합니다. 넷제로공판장, 넷제로 꾸러미, 넷제로장터, 넷제로 캠핑, 넷제로 화폐 등 지난 4년간 해유가 추진하는 사업과 활동에서 '넷제로'가 빠지지 않는 이유입니다. 넷제로공판장 앞 마당의 1.5℃ 조형물도 해유의 지향점이 탄소중립 실현임을 여실히 드러내고 있습니다.

해유의 '넷제로 라이프스타일'이란 무엇일까요? 산업화 이후 우리의 삶을 지배해 온 소비문화는 너무 견고해서 전환하기 쉽

넷제로 화폐

해유가 발행하는 쿠폰 형식의 미호동 지역화폐. 일정 기간 특정 장소(넷제로공판장, 미호동 채식 식당, 넷제로 장터)에서만 사용할 수 있다.

지 않지만, 이제 더 이상 지속 가능하지 않다는 사실을 우리는 알고 있습니다. 중요한 건 생활용품 하나를 바꾸는 가벼운 실천으로부터 일상생활의 변화가 시작된다는 것입니다. 해유는 그동안 넷제로공판장을 중심으로 시민들과 다양한 생활 실험을 하며 변화의 가능성을 확인해 왔습니다. 어느새 고유명사가 되어 익숙해진 해유의 '넷제로 시리즈' 노하우를 공개합니다.

 ## 01 넷제로 꾸러미

엄격한 기준으로 선별한 넷제로공판장의 친환경 물품들이 매장에만 있다면 상품이 탄생한 본래의 목적을 달성할 수 없겠지요? 더 많은 사람들의 삶 속으로 스며들려면 홍보 전략이 필요했습니다. 대안 물품에 선입견이 있거나 정보가 부족한 사람, 지역 농산물을 신뢰하지 않는 경우 등 여러 이유로 선뜻 시도하지 못하는 소비자들을 위해 조금 더 세심한 부분까지 챙겨 넷제로 물품들의 가치를 홍보해야 했습니다. 그렇게 탄생한 넷제로 꾸러미는 다양한 이름으로 꾸려지고 있습니다. 무해(無害)한 시작 세트, 쉬운 주방 세트, 건강한 치아 세트, 무해한 내 몸 세트, 제로웨이스트 김장 꾸러미 등 이름만 들어도 호기심이 이는 꾸러미들을 만들고, 맞춤형 주문이 가능하도록 홍보하고 있습니다. 불필요한 물건이 꾸러미에 있거나 제대로 사용하지 않는다면 오히려 쓰레기를 발생시키기 때문입니다. 꾸러미 포장도 쓰

다양한 주제와 물품으로 꾸려지는 '넷제로 꾸러미'

레기 발생을 최소화하고 재활용이 가능한 천과 지끈, 종이상자 등을 활용하고 있습니다.

그리고 미호동 주민들이 직접 생산한 농산물은 생산자와 소비자를 연결하고 신뢰 관계를 형성하기 위해 농산물에 생산자의 얼굴(캐릭터)과 이야기, 요리법을 담아 홍보했습니다. 정월 대보름에는 한 해의 평안과 안녕, 풍요를 빌면서 다가올 더위를 파는 정월대보름의 풍습에 착안해 '지구야! 네 더위 내가 살게!'라는 꾸러미를 기획하기도 했습니다. 정월대보름에 지구의 더위에 대해 생각해 보자는 취지로 지구에 이로운 지역 농산물인 부럼과 나물, 오곡 세트를 묶어 판매한 것입니다. 추석에는 미호동 농산물, 유기농 양말, 플라스틱 제로 생활용품 등 다양한 선물 꾸러미를 기획해서 판매했습니다. 특히 재생에너지 100%로 생산한 신탄진주조(주)의 전통주는 '지구도 조상님도 좋아하는 RE100 우리술로 차례 지내요'라는 카피로 홍보하여, 매년 명절 선물로 호응을 얻고 있습니다.

 ## 02 넷제로 시민프로그램

해유는 꾸러미뿐만 아니라 친환경 생활용품과 지역 농산물 판매를 촉진하고 해유의 넷제로 사업과 넷제로공판장을 활성화하기 위해 다양한 시민 참여 프로그램을 기획하고 있습니다.

2022년 8월에 추진한 '걱정제로 넷제로 꾸러미' 크라우드 펀

딩은 미호동 주민들이 생산한 수세미를 전량 수매하여 주민들이 판매 걱정 없이 생산에 집중할 수 있도록 사전 예약 판매로 기획한 시민 참여 프로그램입니다. 펀딩 금액별로 미호동 소프넛, 삼베 주머니, 미호동 채식 식사권과 넷제로장터 이용권 등을 꾸러미로 구성하여 리워드로 제공했습니다.

미호동 채식 식사

해유는 미호동 마을의 식당들과 협력하여 미호동 지역 농산물로 만든 채식 메뉴를 개발해 왔다. 공판장 방문객들에게 채식 문화 체험과 넷제로 실천 기회를 제공하고 지역 경제도 살리는 효과가 있다.

그리고 넷제로공판장의 다양한 교육과 체험 프로그램을 지역사회의 자원, 시민 모금과 엮은 협력 프로젝트도 추진했습니다. '지구를 살리는 자원봉사! 탄소중립 한걸음씩' 네이버 해피빈 모금은 그 성과 중 하나입니다. 취지에 공감한 시민들은 후원을 하고, 대덕구 자원봉사센터는 필요한 물품을 지원하고, 행복이음봉사단과 한남대학교 사회복지학과 학생들을 연결해 주었습니다. 자원봉사자들은 미호동을 여행하며 대청호 줍깅, 농촌 일손 돕기, 녹색교통 이용, 넷제로장터 부스 지원 등 자원봉사와 탄소중립 실천 활동을 하였고, 해유에서 제공한 '넷제로 화폐'를 사용해 넷제로공판장에서 지역농산물과 제로웨이스트 상품을 구매할 수 있었습니다. 자원봉사가 일회성 체험이 아닌 생활 속 탄소중립 실천으로 이어질 수 있도록 활동의 선순환을 도모한 것입니다. 또 대청호 축제 기간에 줍깅을 진행하여, 매년 사람들이 버리는 엄청난 쓰레기로 몸살을 앓고 있는 미호동과 주민들의 피해, 하천 쓰레기 문제의 심각성을 직접 눈으로 확인할 수 있었습니다.

2023년 6월에는 '안전한 지구별에서 무사히 어른이 되고 싶어요' 네이버 해피빈 모금을 진행하였고, 시민들의 후원으로 지

역아동센터의 어린이와 청소년들에게 넷제로 체험을 제공할
수 있었습니다. 어린이들은 '미호동 밭두렁 투어'를 통해 마을
주민(조영아 씨)의 밭에서 복분자, 오디, 산딸기를 수확하고, (주)
숲깨비의 비전력 생태놀이, 넷제로공판장에서 샴푸바 만들기
등 넷제로 라이프스타일을 즐기며, 스마트폰과 컴퓨터 게임으
로 디지털 탄소를 배출하지 않고도 미호동에서 재미있게 놀 수
있다는 걸 몸으로 체험할 수 있었습니다.

해유는 시민 모금 프로젝트 외에도 탄소중립 교육과 넷제
로 라이프스타일 경험을 확산하기 위해 찾아가는 시민 교육과
팝업 매장을 운영하며 시민들과의 접점을 확대하고 있습니다.
2023년 성심당문화원 썬데이 메아리 마켓, 대전시 시청역 탄소
중립 캠페인 등 다양한 장소에서 시민들의 참여를 이끌었고, 재
생에너지로 빚은 RE100 우리술을 지역 상점(대전시 유성구 어은
동 안녕거리 동네상점 5개소)에 입점하여 RE100과 지역 전통주의
가치를 알리고 있습니다.

03 넷제로 캠핑

미호동 인근에는 대청호 로하스캠핑장이 있습니다. 많은 사람
들이 일상에 지친 몸과 마음을 치유하고 대청호의 아름다운 자
연과 캠핑을 즐기기 위해 찾아옵니다.

그런데 캠핑장을 둘러보면 자연을 만나러 온 사람들이 맞나

싶습니다. 마치 집을 그대로 옮겨 놓은 듯 화려한 장비들에 전기를 연결하고, 숯불로 연기를 피우며 고기를 굽습니다. 나무젓가락, 플라스틱 수저, 일회용기, 물티슈 등 많은 양의 일회용품과 쓰레기가 넘쳐납니다. 일회용품 사용과 육식 위주의 식단은 기후위기를 가중시키는 결과를 가져옵니다. 많은 사람들이 자연의 소중함을 느끼고 미래 세대에게 아름답고 깨끗한 환경을 물려줄 수 있도록 캠핑 본연의 취지에 맞는 녹색 캠핑 문화가 확산되어야 합니다.

마침 2021년 환경의 날은 주말이어서 시민들에게 넷제로 라이프스타일의 캠핑 문화를 선보일 수 있는 좋은 기회였습니다. 해유는 대덕구와 함께 '기후를 탐구하고 과학을 탐험하는, 넷제로 캠핑'을 기획해 총 15가구를 모집하였습니다. 참가자들은 태양광 오븐에 쏘이패티를 구워 비건 샌드위치를 만들어 먹고, 미니 태양광발전기, 자전거 분수, 적정기술 스토브 등 재생에너지를 체험하는 즐거운 시간을 보냈습니다.

"쉽게 해볼 수 없는 것들을 캠핑을 통해 도전해 봐서 좋았어요."
"가족 모두가 환경문제의 심각성을 느끼고 탄소중립에 대해 알아볼 수 있었어요."
"많은 일회용품 사용을 느꼈고, 일회용품을 줄이려는 노력을 할 수 있었어요."

태양광 오븐에 구운 쏘이패티로 만든 비건 샌드위치

비전력놀이를 즐기는 아이들

　　2021년에 진행한 넷제로 캠핑이 좋은 반응을 얻은 데 힘입어, 2022년에는 참가자를 200명으로 늘려서 '대덕구 탄소중립 과학캠프'를 1박2일 프로그램으로 진행했습니다. (주)숲깨비에서 준비한 비전력 놀이터에서 밧줄 놀이를 즐기고, 채식 쿠킹 클래스, 태양광 랜턴과 양말목으로 이소가스 워머 만들기 등을 체험했습니다. 그리고 넷제로장터를 캠핑장에 열어, 행사 상품으로 받은 넷제로 화폐로 미호동 주민들이 생산한 지역 농산물을 구매할 수 있는 기회도 마련했습니다.

행사가 끝난 후 참여자들이 다시 기존의 캠핑 스타일로 돌아가는 모습을 보며 허탈함을 느끼기도 했지만, 해유는 그간의 캠핑 문화를 성찰하고 기후위기 시대에 맞는 대안 문화가 자리 잡을 수 있도록 앞으로도 새롭고 유익한 캠핑 프로그램을 개발해 나갈 계획입니다.

 ## 04 넷제로 라이프스타일 체험단

지구온난화에서 더 나아가 '끓는 지구'란 UN의 경고가 실감나는 요즈음이라 강의 내용이 정말 귀에 쏙쏙 박힙니다.
에너지전환해유 사회적협동조합의 시민햇빛발전소 1호인 법동 햇빛발전소의 사례도 충분히 흥미를 끕니다. 게다가 마을주민들이 직접 마을 에너지활동가인 '솔라시스터즈'로 활동하며 주민 상담 및 햇빛 발전시설도 점검한다니 더욱 기대가 됩니다.

[출처] 윤정원 블로그

왜 에코라이프를 살아야 할까? 나도 완벽하지 않은데…. 내가 한다고 세상이 바뀔까?
에코성심이의 고민에 용기가 되어준 넷제로공판장 체험
기후위기 심각성→기후위기의 불평등→에너지정책 쏙쏙 들어오는 사례 발표

찜통 경비실에 태양광발전기와 에어컨을 설치한 사례는 찐 감동이었다.

[출처] 임선 인스타그램

2023년에 운영한 '넷제로 라이프스타일 체험단'은 탄소중립 시대에 맞춰 기획한 해유의 '실천형' 체험 프로그램입니다. 대전일자리경제진흥원의 지원으로 7회에 걸쳐 회당 10명씩 총 70명의 체험단을 모집했습니다. 체험단은 넷제로 라이프스타일 노하우와 물품을 엮은 체험 꾸러미를 제공받았고, 일정 기간 넷제로 라이프스타일을 경험한 후 SNS에 활동 후기를 작성하는 미션을 부여 받았습니다.

넷제로 라이프스타일 체험단은 탄소중립 교육, 재생에너지 및 친환경 생활용품 만들기, 미호동 식당에서 채식 식사 즐기기로 구성된 프로그램에 참여하고, 재생에너지 100%로 생산한, 넷제로공판장의 대표 상품 RE100 우리술도 선물로 받았습니다. 체험단 활동 이후의 변화와 실천 내용을 모니터링하고 소통할 수 있는 채널을 만들지 못한 점은 아쉬움으로 남지만, 넷제로 라이프스타일 체험단 운영은 새롭게 시도하는 체험 프로그램이었습니다.

플렉스도 욜로도 아닙니다. 이제는 넷제로입니다!

05 넷제로 화폐

넷제로 화폐는 해유에서 실험적으로 발행하고 있는 미호동 지역화폐입니다. 발행하는 목적에 따라 특정 기간과 장소에서 한정적으로 사용할 수 있습니다. 넷제로 캠핑, 자원봉사 프로그램과 같은 기획행사를 통해 종이 쿠폰 형식으로 발행하였고, 아직까지는 넷제로공판장의 매장, 미호동 채식 식당과 넷제로장터에서만 사용할 수 있습니다.

특히 2022년 대전석봉초등학교에서 진행한 '넷제로 사이언스 스쿨' 프로그램은 넷제로 화폐의 교육적 가치를 입증한 좋은 사례였습니다. 학생들이 현장 체험으로 넷제로장터를 방문하고 넷제로 사이언스 스쿨 프로그램 시간에 만든 '넷제로 카드'를 '넷제로 화폐'로 교환하여 장터에서 사용할 수 있도록 설계한 것입니다.

나만의 '넷제로 카드' 만들기
대전석봉초등학교의 미술 수업과 연계한 넷제로 홍보 카드 만들기 활동. 넷제로 사이언스 스쿨을 통해 경험한 학생들의 넷제로 실천 활동이 그림 속에 잘 담겨 있다.

지구를 살리는 자원봉사! 탄소중립 '한 걸음씩' 시민 참여 프로그램에서 발행한 넷제로 화폐

넷제로 화폐를 통해 학생들은 탄소중립 실천뿐만 아니라 경제활동을 이해하고, 넷제로는 '이롭다'는 것을 직접 체험할 수 있었습니다. 앞으로 해유의 사업이 확장되고 협력 기관이 늘어나면 화폐의 형식과 유통방식을 개선해서 사용자의 편의도 증가시키는 새로운 실험에 도전해 볼 계획입니다.

수노기의 넷제로 라이프스타일
(미호동넷제로공판장 1호 미호지기)

송순옥, 대전충남녹색연합 공동대표,
탄소잡는 채식생활네트워크 활동가

1. 먹거리 생활
   - 1-1 채식 밥상
   - 1-2 제철 국산 무농약 이상의 농산물 생산 농부와 직거래
   - 1-3 수입농산물 쓰지 않음
   - 1-4 배달앱 쓰지 않음
   - 1-5 배달 음식 지양
2. 플라스틱 프리 생활
   - 2-1 지역 시장에 장바구니 및 그릇 가져가서 장보기
   - 2-2 일회용품 사용 절대 안함
   - 2-3 텀블러 사용
   - 2-4 빈 그릇 가지고 다니기
   - 2-5 손수건 사용
   - 2-6 보자기 사용
   - 2-7 마수세미 사용
3. 도시 텃밭 생활
   - 3-1 지역에서 쿠바식 틀텃밭 농사
   - 3-2 음식물 쓰레기를 활용한 퇴비 만들기
4. 지역화폐 한밭레츠 생활 : 품을 내어 서로 돌봄이 일어나는 공동체 활동
5. 옷생활 : 있는 옷을 수선하고 지인들과 옷 나눔
6. 새활용 기술생활 : 자투리 재료들로 새로 쓸 수 있는 물건들 만들어서 쓰기
7. 적정기술 생활 : 빗자루 만들기, 목공, 집짓기
8. 대중교통 및 자전거로 이동하기
9. 녹색연합, 환경운동연합 등 환경단체 후원하기
10. 금강, 보문산, 설악산 지키기 등 환경운동에 동참하기

3 │ 넷제로 문화

기후위기가 대중의 관심을 끌기 어려운 건 직관적으로 문제 상황을 인지하기 어렵기 때문입니다. 궁극적인 환경문제 해결은 사회 시스템에 변화가 일어나야 가능하지만 그 변화는 한순간에 마술처럼 일어나지 않습니다. 다양한 정책 대안들을 제시하고 대중의 관심을 돌리고 사고를 전환하는 계기를 다채롭게 마련해야 합니다.

해유는 지역 공동체의 회복이 개인과 사회의 변화를 이끄는 다리가 될 수 있다고 생각합니다. 혼자 할 수 없는 일도 여럿이 힘을 합치면 가능하다는 걸 우리는 이미 많은 경험을 통해 확인했습니다. 무엇보다 이 모든 과정을 즐겨야 한다고 생각합니다. 나에게도 지구에게도 이로운 모두를 위한 넷제로이니 누구나 쉽게 이해하고 즐겁게 실천할 수 있어야 합니다. 그러기 위해서는 생활 곳곳에 스며드는 넷제로 문화의 확산이 필수입니

칡과 양배추 잎은 넷제로장터에서 유용한 그릇이 된다.

다. 먹고 마시고 즐기는 삶의 모든 요소가 넷제로 콘텐츠가 될 수 있습니다.

해유는 창립 이후 지속적으로 새로운 문화 상품을 개발하고 다채로운 문화행사를 기획하여 실행하고 있습니다. 이제는 마을 축제의 장이 된 '넷제로장터', 청년들의 농촌문화 체험 프로젝트 '넷제로 텃밭', 이름부터 호기심을 자극하는 '미호동723'과 에너지전환마당극, 복합문화공간 '넷제로 도서관'은 해유가 넷제로 문화 확산을 위해 시도한 다양한 변주로, 이제는 해유를 대표하는 문화 브랜드가 되었습니다.

더 나아가 2023년에는 지역 책방과 연대하여 '책방 구구절절 별책부록 프로젝트'도 진행했습니다. 주제에 맞는 책과 넷제로공판장 상품을 결합한 패키지 구독 서비스입니다.

"테미에 벚꽃이 피면,
 책과 함께 청주 한 잔"
'재생에너지 100%로 빚은
 우리술 드세요'보다
 훨씬 구미가 당기는 말
 아닌가요?

책방 구구절절 별책부록 프로젝트

 넷제로장터

텃밭에서 방금 자리를 옮긴 상추
칡잎에 덜어주는 김밥과 짚으로 묶은 당근이 말해주는
쓰레기 없는 청정 장터

미호동 주민들이 꾸린 첫 번째 '넷제로장터' 이야기를 다룬
대전MBC 〈다큐에세이 그 사람〉 '쓰레기 없는 청정장터 미호
동 사람들의 이야기(2021년 8월 21일 방영)'의 소개말입니다.

송순옥 미호지기(해유 前 팀장)가 손수 쓴 '완득님은 미호 사
랑지기, 고맙습니다'라는 글귀에서도 알 수 있듯이, 98세 김완
득 씨는 해유가 2021년 넷제로공판장을 열었을 때 직접 농사지

짚으로 묶은 채소들이 이동식 테이블 위에 빼곡히 놓여 있다.

은 완두콩과 손수 담은 된장을 내놓으며 앞서서 응원해 준 고마운 분입니다.

"뭘 가지고 나가야 될까 걱정도 되고요.
또 뭘 가져가면 남이 안 가져온 것, 새로운 것, 이런 것을 좀
가지고 나가면 과연 반응이 어떨까 그리고 손님이 올까…."

김완득 어르신의 며느리 조영아 씨의 설렘과 걱정이 고스란히 전해지는 인터뷰도 마음에 와 닿습니다. 대부분 소농인 미호동 주민들은 해유와의 인연으로 어쩌다 시장 상인이 되어 내 이름으로 농산물을 판매하게 되었으니, 넷제로공판장이 마을의 에너지만 바꾸는 것이 아니라 마을 사람들의 인생에도 전환점이 된 것입니다.

넷제로장터는 주민들의 요구로 탄생했습니다. 상수원보호

구역이라 조리 음식을 판매할 수 없는 넷제로공판장의 특성상 곡물, 콩류, 차류 등 한정된 농산물만 판매하는 것이 아쉬워 주민들의 의견을 모아 장터를 열었습니다. 넷제로장터는 마을주민들이 직접 지역의 농산물과 넷제로공판장을 시민들에게 알리는 기회가 되었습니다.

2022년에는 '미호동 넷제로장터 잘 되는 방법'을 주제로 마을학교를 열어 장류, 비빔밥, 떡, 커피, 청음료, 천연염색 제품 등 판매 물품에 대한 다양한 의견을 모을 수 있었고, 대덕구공동체지원센터의 지원을 받아 넷제로장터 주민운영위원회도 구성했습니다. 장터의 기획, 준비, 진행과 평가까지 주민들이 주체적으로 참여하며 넷제로장터의 활성화를 위해 머리를 맞댄 것입니다.

"가격과 질이 좋아야 해요."
"우리들만의 색깔과 가치를 유지해야 해요."
"상수원보호구역에서 자라는 깨끗한 농산물이라는 걸 홍보하면 좋겠어요."
"재활용 스티로폼을 사용하는 것조차 이미지를 떨어뜨리는 거예요."
"제기차기, 줄넘기 등 놀이 프로그램을 진행해 봐요."

-넷제로장터 주민운영위원회 회의록 발췌

넷제로장터 먹거리

　개장 첫해에 '넷째 주엔 넷제로장터'를 홍보하며 매월 정기
적으로 열었던 넷제로장터는 주민운영위원회의 결정으로 2023
년부터 반기별로 1회만 진행하고 있습니다. 횟수는 줄었지만
주민 판매자와 방문객은 꾸준히 늘고 있고, 넷제로장터의 기능
과 의미는 더욱 확장되고 있습니다.

　넷제로장터는 마을주민들이 경제활동을 하는 기회인 동시
에 서로 안부를 묻고 담소를 나누며 즐기는 마을 축제가 되었습
니다. 장터의 규모가 작고 주민들이 내놓는 물건은 얼마 안 되
지만, 마을학교와 함께 주민들의 참여와 만족도가 높은 사업입
니다. 무엇보다 100% 미호동 농산물과 채식 음식을 판매하고,
쓰레기 없는 장터를 운영하는 과정에서 탄소중립과 제로웨이
스트 실천이 마을 사람들의 삶과 자연스럽게 융합된 점은 중요
한 성과 중 하나입니다.

　그리고 태양광 오븐, 태양광 슬러쉬, 언플러그드 악기와 태

양광 앰프를 사용한 에너지전환콘서트, 공방(웨일우드, 유쾌한 공방, 바느질하다 등), 서점(버들서점, 구구절절), 개인 등이 참여하는 플리마켓, 해변쓰레기 문제의 심각성을 담은 '바다빗질, 평화빗질' 빛그림(사진) 전시회, 미호동 수선방 등 볼거리와 즐길거리도 풍성해지고 있습니다. 2023년에는 한남대학교 사회복지학과 대학생들이 자원봉사로 넷제로장터의 플리마켓 부스 운영을 지원하기도 했습니다. 자원봉사와 탄소중립 실천을 엮은 시도로 청년들이 넷제로 라이프스타일과 마을공동체 문화, 지역순환경제를 체험할 수 있는 좋은 기회가 되었습니다. 또 넷제로장터가 소비자가 찾아오는 지역 농산물 장터, 쓰레기 없는 장터, 지역경제 활성화의 모델이 되면서, 다른 지역의 장터와 행사 기획을 컨설팅하는 사례도 늘고 있습니다.

넷제로장터를 방문했던 시민들과 마을주민들의 교류가 계속 이어지고 있는 점도 의미가 큽니다. 해유는 상품성이 없어서 폐기될 수 있는 못난이 사과와 생산량이 적어서 판로를 확보하기 어려운 쌀 등의 농산물을 홍보하고 거래를 중개하고 있습니다. 앞으로도 넷제로장터가 소외된 지역 소농들의 판로를 여는 기회의 장이 되고, 미호동 마을의 축제이자 대안문화를 선도하는 플랫폼이 될 수 있도록 새로운 시도를 계속 이어갈 것입니다.

"세상에서 가장 신선한 농산물이에요.
오늘 아침에 밭에서 수확한 싱싱한 채소입니다!"

넷제로장터 농산물   지구를 지키고, 지역을 살리는 넷제로장터

넷제로장터에서는 미호동 주민들이 생산한 농산물로 만든 반찬(김치류), 두부, 쑥개떡, 효소 등 다양한 물품을 거래한다.

새벽에 수확한 농산물을 볏짚으로 묶고, 손수 만든 식재료와 음식을 정성껏 담아 온 주민들이 판매 과정에서 속상함을 느끼거나 허탈해 하지 않도록, 해유가 준비한 완판 비결도 있으니 궁금하신 분들은 장터로 꼭 놀러오세유~.

02 넷제로 문화공연

"기후위기로 인해 산불, 가뭄 등 자연재해가 곳곳에서 일어나고 있다는 사실을 넷제로공판장 교육을 통해 접했어요. 그 교육을 듣고 나서 뭐라도 실천을 해야겠다는 다짐을 하게 되었어요."

"지금 손녀가 초등학생이 되었는데, 손녀도 기후위기를 주제로 연극을 하더라고요. 꿈이 환경활동가라서 그런지 채식도 실천하고 있어요. 저도 손녀에게 기후위기를 주제로 한 인형극을 했다는 얘기도 해주고, 지구 온도가 지금보다 높아지기 전에 막아야 한다는 얘기를 했어요. 할머니도 환경 문제의 심각성을 알고, 함께 노력하고 있다는 사실을 말해줄 수 있어 다행이라고 느껴요."

[출처] [넷제로를 꿈꾸는 미호동 사람들] 돈 대신 선택한 이것… '없는 것 빼고 다 있는' 영아 씨의 채소밭(2022.7.12.) 해유 네이버 블로그(글. 임유진)

미호동723은 미호동 주민들의 그림자극 동아리입니다. 2021년에 진행한 주민디자인학교에서 기후위기를 알리는 활동을 하고 싶다는 주민들의 의견이 있었고, 이후 해유의 제안으로 탄생했습니다. 여섯 명의 주민이 모였고 먼저 그림자극을 시작한 대전시 대덕구 마을에너지활동가 모임 '햇살로'의 도움을 받았습니다. 극단의 이름은 동아리원인 주민 두미영 씨의 제안으로 만들어졌는데, 723은 미호동을 오가는 버스 72번과 73번을 의미합니다. 처음엔 쑥스러워하던 주민들은 언제 그랬냐는 듯 매주 한 번씩 만나 연습을 했고, 극의 완성도를 높이기 위해 노력했습니다.

미호동723은 2021년 7월 31일 〈투발루에게 수영을 가르칠 걸 그랬어〉 첫 공연을 시작으로 두 차례 무대에 올랐고, 지금은 활동이 중단되었지만 주민들의 참여로 시도한, 미호동을 대표하는 문화 콘텐츠라는 데 의의가 있습니다.

미호동 버스

미호동 주민들의 일상은 약 2시간마다 오는 외곽버스 72번과 73번의 시간표에 맞춰져 있다. 자가용이 없어도 버스를 타고 신탄진으로 장을 보러 가고 병원에 가는 것에 익숙하다. 정해진 시간에 오는 버스는 마을 사람들에게 시계와도 같다.

미호동723이 첫 공연을 선보이고 있다.

마당극패 우금치, 대전충남녹색연합과 해유가 공동 창작한 마당극 '라스트 생존게임'

해유는 문화공연의 '에너지전환'도 다각도로 추진해 왔습니다. 마당극은 조명, 마이크와 같은 전기 시설 없이도 장소에 구애받지 않고 관객과 소통할 수 있는 연극입니다. 해유는 2020년 대덕구, 한국에너지공단, 대전충남녹색연합, 마당극패 우금치와 함께 에너지전환마당극 '라스트 생존게임'을 창작하였고, 대전석봉초등학교와 한남대학교 등 다양한 환경교육과 문화행사 현장에서 마당극을 통해 기후위기의 심각성과 대응의 필요성을 알려 왔습니다.

'라스트 생존게임'은 하늘, 땅, 사람이 조화를 이루며 살았던 농경사회가 산업화 이후 경쟁과 탐욕의 세상이 되면서, 한 번도 겪어 보지 못한 이상기후와 환경재난을 겪으며 생존 위기에 처한 인류의 현실을 사이렌 소리와 어디로 가야 할지 모르는, 다급한 사람들의 모습으로 생생하게 전달하고 있습니다.

"오늘 하루 편안히 보내셨습니까?"

"모두 우리가 자초한 재난입니다."

"비나이다. 천지신명님께 비나이다. 어디로 가야 하는지요? 누구도 경험해 보지 못한 세상입니다. 어디로 가야 하는지요…?"

해유는 마당극 외에도 언플러그드와 태양광 앰프로 상징되는 에너지전환콘서트를 기획해서 전기에너지가 필요 없거나, 재생에너지를 사용한 문화공연의 가능성을 증명해 왔습니다. 음향장비, 조명, 스마트폰 충전 등 언제 어디서든 필요한 전기를 공급할 수 있도록 이동식 태양광발전 테이블을 맞춤 제작한 겁니다. 에너지전환콘서트는 넷제로장터의 즐길거리가 되었고, 해유 시민햇빛발전소 1호를 설치한 법동 LH임대아파트 주민들을 넷제로공판장에 초대해서 콘서트를 열기도 했습니다. 재생에너지의 즐거움과 에너지전환의 가능성을 눈으로 직접 확인하고 공감할 수 있는 자리였습니다.

법동 LH임대아파트 주민들과 함께한 에너지전환콘서트 '태양과 바람의 노래'

03 넷제로 텃밭

2022년에 진행한 넷제로 절기여행 '미호동에서 3계절 나기'는 청년들이 오랜 시간 미호동 마을에 머물며 농사를 체험하고 지역을 더 깊이 있게 이해하기 위해, 대전시 대덕구 공정생태관광 사업의 일환으로 기획한 체류형 '넷제로 여행' 프로그램입니다. 미호동복지위원회 차선도 위원장이 내어준 천 평이 넘는 땅을 마을주민 이정희 씨와 함께 텃밭으로 일구고 채식 음식을 즐기며 마을공동체와 넷제로 라이프스타일을 체험하는, '텃밭×가든 파티×장터'를 모두 즐길 수 있는 기회였습니다.

넷제로 텃밭 프로그램 '미호동에서 3계절 나기' 홍보

미호동 72번과 73번 버스에 광고를 실어 참여자를 모았고 주중반(열려라텃밭)과 주말반(노다지텃밭)으로 나누어 운영했습니다. 참여자들은 대부분 농사 경험이 없어서 옥천 산계뜰 이선우 대표의 유기농업 강의를 듣고, 마을주민들에게 도움도 받으면서 토마토, 옥수수, 호박, 고추, 가지, 치커리, 상추, 수세미 등 다양한 작물을 심고 가꾸었습니다. 마을주민에게 복분자 효소와 수정과 만드는 법을 배우고, 질경이 풀로 연고를 만드는 수업을 들으며 잡초로 치부했던 풀들의 가치를 새삼 깨닫기도 했습니다.

미호동 주민(조영아)에게 배우는 복분자 효소 만들기

작물을 수확할 때쯤에는 대전에서 '달팽이텃밭'을 가꾸는 비영리단체 '피스어스'와 미호동 주민들을 초대해 '노다지 열려라' 텃밭 파티를 열었습니다. 그동안 작성했던 텃밭일지를 전시해 소감을 나누고, 텃밭에서 거둔 채소로 비빔밥, 당근 라페, 초당옥수수 볶음 등 비건 음식을 만들어 먹으며 즐거운 시간을 보냈습니다. 일부 작물은 경매를 진행해 나누었는데 큼지막한 호박, 호박잎과 가지 등에 가격을 매기고 서로를 응원하며, 직접 농사지은 채소와 농업의 가치를 되새길 수 있었습니다.

"직접 머리만한 호박을 수확해서 보람을 많이 느꼈다.

잡초가 정말 많았다. 토마토, 가지, 옥수수, 고추가 쑥쑥 컸다. 보리밥을 싹싹 긁어 먹었다. 농사는 최고 어려운 것 같다. 자식 농사도 아이가 무엇을 잘 할까 고민하듯이 밭농사도 작물의 성격을 알고 심어야 할 것 같다.

수세미의 좋은 점도 알았고 곁순 따는 법도 배웠다. 보람찬 하루를 보낸 것 같아 뿌듯하다. 너무 더운 날씨 때문에 정신이 혼미하다.

잡초라고 생각한 풀들도 다 이름이 있고 다양한 효능이 있다는 것을 알았다. 새로운 것을 알게 되어 좋았고 이제 풀들을 보면 반가운 느낌이 들 것 같다.

무씨를 심었다. 무씨가 코팅되어 있는 게 신기하고 예뻤다. 가을 겨울 무는 아삭하고 달큰하고 시원한데!! 얼른 자라라. 팩에 담겨 돈만 내는 것과 심고 파고 자르고 묶고 신경 쓰고 살피다가 수확해서 먹는 건 정말이지 천지 차이!"

-2022년 텃밭일지에서 발췌

넷제로장터에서 판매 중인 '넷제로 텃밭 호박'

이후 2023년 '넷제로 텃밭 꽃밭 마음밭'을 열어 다섯 가족에게 50여 평의 텃밭을 분양해 대전 시민들이 참여할 수 있는 기회를 마련했지만, 물 공급, 풀 관리 등 기본적인 텃밭 관리가 제대로 되지 않는 아쉬움이 있었습니다. 환경부 매수 토지 활용과 미호동 생태 프로젝트를 시작하기 위해, 지금은 넷제로 텃밭에 밀원식물과 들깨를 심어 꿀벌들의 맛집인 '윙윙꿀벌식당'을 조성하는 새로운 실험을 이어가고 있습니다.

04 넷제로 도서관

넷제로공판장의 2층 '넷제로 도서관'은 2020년 12월 리모델링을 거쳐 개관했습니다. 넷제로 도서관에는 지구환경, 환경오염, 기후위기와 에너지전환 등 다양한 주제의 어린이 그림책과 청소년, 성인 대상 환경 도서들이 구비되어 있습니다.

생태주의 고전인 헨리 데이비드 소로의 『월든』을 소재로 개관 기념 전시회도 열었는데, 첫 기획전 도서로 월든을 선택한 것은 월든 호숫가의 정경이 미호동 마을과 비슷하고 월든의 주제가 넷제로공판장의 화두가 되었기 때문입니다.

"물은 새로운 생명과 움직임을 끊임없이 공중에서 받아들이고 있다.
물은 그 본질상 땅과 하늘의 중간이다.

땅에서는 풀과 나무만이 나부끼지만, 물은 바람이 불면 몸소 잔물결을 일으킨다.

나는 미풍이 물 위를 스쳐 가는 것을 빛줄기나 빛의 파편이 반짝이는 것을 보고 안다.

이처럼 우리가 수면을 내려다볼 수 있다는 것은 놀라운 일이 아닐 수 없다."

- 「월든」 중에서

넷제로 도서관에서, 찬란하게 흐르는 금강과 그곳에 어우러져 소박하게 살아가는 주민들의 삶에서 물질만능주의에 익숙한 현대인들이 느끼고 배워야 할 점이 분명히 있다고 생각했습니다. 지금도 넷제로 도서관 곳곳에 새겨진 월든 속 주옥 같은 문장들은 도서관을 방문하는 많은 사람들에게 잔잔한 울림을 주고 있습니다.

넷제로 도서관은 미호동 주민들과 넷제로공판장을 방문하는 시민들에게 잠시 책을 읽으며 몸과 마음의 여유를 찾는 쉼터로, 만남과 소통의 모임 공간으로, 교육 장소와 복합문화공간으로 그 역할이 확대되고 있습니다. 무엇보다 넷제로 도서관은 함께 만들어 가는 공간입니다. 대전대학교 정치외교학과 권혁범 교수의 은퇴 기념 환경정치학 도서 기부, 근로복지공단 대전지역본부의 환경 도서 556권 기부 등 탄소중립 사회로 나아가는 데 뜻을 같이 하는 개인과 기관의 후원이 이어지고 있습니다.

그동안 해유는 넷제로 도서관 활성화를 위해 다양한 시도를

넷제로공판장 2층에 위치한 '넷제로 도서관'

해왔습니다. 참여자가 없어 무산되었지만 2022년 가을에 무환
자나무 열매를 수확하고 책도 읽는 미호동 넷제로 도서관 소모
임 〈다독다독〉을 기획하였고, 2023년에는 그림책 '고작2도에'
원화 전시회를 열기도 했습니다. 2024년 가을에는 주민들이 원
하는 영화상영회도 추진할 계획입니다.

　　1층의 매장과 마당이 넷제로공판장의 손과 발이라면, 2층의
넷제로 도서관은 머리와 같은 곳으로 현 상황을 점검하고 앞으
로 나아가야 하는 방향을 가늠하는 성찰의 공간이라 할 수 있습
니다. 공간, 직원 부족 등의 한계로 어려움이 있지만, 앞으로는
마을도서관으로서의 본연의 기능도 강화해 나갈 예정입니다.

넷제로 텃밭 활동 중에 두꺼비와 멸종위기 야생생물 2급인 맹꽁이 성체가 발견된 적이 있습니다. 장마철 비가 오는 날에는 맹~꽁, 맹~꽁 맹꽁이들의 우렁찬 합창 소리가 넷제로공판장 가득 울려 퍼집니다. 환경오염과 기후변화에 민감한 양서류들이 이렇게 건강하게 살고 있다는 건 미호동의 생태환경이 우수하고 잘 보존되었다는 걸 증명해 줍니다. 해유가 미호동의 자연환경을 돌보고 마을 경제도 살리는 상생 프로젝트로 생태정원인 '윙윙꿀벌식당'을 조성한 이유입니다.

꿀벌은 최근 '꿀벌 실종' 사태가 벌어질 정도로 기후변화, 미세먼지, 살충제, 바이러스, 서식지 파괴 등의 복합적인 원인에 의해 빠른 속도로 사라지고 있는 곤충입니다. 유엔식량농업기구(FAO)에 따르면, 꿀벌은 전 세계 식량의 90%를 차지하는 100대 주요 작물 중 71종의 수분을 매개할 정도로 식량 생산에 중요한 역할을 하고 있습니다. 전문가들은 꿀벌의 감소가 인류의 생존뿐만 아니라 생태계 붕괴를 초래할 수 있다고 경고하고 있습니다.

대청댐 수질관리를 위해 상수원보호구역으로 지정되어 있는 미호동은 매년 환경부의 토지 매입과 공원 조성이 이루어지고 있고, 마을에는 양봉업을 하는 주민도 거주하고 있습니다. 해유는 이러한 미호동의 특수성과 마을 자원을 활용하여 꿀벌의 서식지를 복원하는 주민참여사업을 모색하였고, 2024년 3

유엔식량농업기구(FAO)
유엔 산하의 전문 기관으로 기아와 빈곤을 퇴치하고, 전 세계 모두가 양질의 식량을 안정적으로 확보하여 건강한 삶을 영위할 수 있도록 지원하며 세계 식량 안보 및 농촌 개발에 중추적 역할을 수행하는 국제 기구이다.
(출처: 유엔식량농업기구 (FAO) 한국협력연락사무소)

윙윙꿀벌식당 오픈   오인세 반장님과 들깨

윙윙꿀벌식당 디자인

윙윙꿀벌식당 디자인

윙윙꿀벌식당 길목에 자리한 윙윙꿀벌식당 조형물 위에 맛집으로 소문날 꿀벌식당을 이미지화해 넣었다. 서빙하는 꿀벌, 식당에서 즐겁게 식사하는 꿀벌, 맛집인 만큼 기다리는 꿀벌, 책을 보는 꿀벌들..등 꿀벌의 놀라운 생태 만큼 다양한 꿀벌식당의 모습을 표현했다.

월 대전충남녹색연합, 농업회사법인내포㈜, 세종전의묘목협동조합과 윙윙꿀벌식당 개설을 위한 업무 협약을 체결하고, 넷제로 텃밭 부지를 마을주민에게 임대하여 본격적인 꿀벌식당 사업을 시작했습니다.

2024년 4월에는 주민들과 함께 윙윙꿀벌식당을 디자인하기 위해 마을학교를 열었고, 꿀벌과 밀원식물에 대한 전문가 강의, 윙윙꿀벌식당 조성 현장 워크숍을 진행하며 사업을 구체화했습니다. 시민 홍보 이벤트로 2024년 4월 5일부터 식당 오픈일까지 '45일 기후위기 꿀벌 캠페인'을 열어, 미호동 주민들과 시민들에게 칠자화나무와 헛개나무를 나누며 윙윙꿀벌식당 개설 입소문을 내기도 했습니다.

2024년 5월 20일 '세계 벌의 날'을 기념해 오픈한 윙윙꿀벌식당에는 꿀벌들이 좋아하는 헛개나무, 칠자화나무, 칠엽수, 앵두나무, 목백합, 병꽃나무, 무환자나무 그리고 들깨, 꿀풀, 해바라기, 도라지, 호박, 자운영 등의 밀원식물이 심겨 있습니다. 밀원식물 관리와 들깨 농사를 위해 미호동 마을주민을 식당 매니저로 고용해 함께 일하고 있고, 들깨꽃이 피는 가을에는 시민들을 위한 생태투어와 환경교육을 진행하고, 들깨를 수확하면 생들깨기름 상품도 출시합니다. 윙윙꿀벌식당 운영으로 사라지고 있는 꿀벌을 보호하면서 새로운 상품과 서비스를 개발하여 마을 경제도 활성화하는 상생 전략입니다.

꿀벌들의 가을만찬이 끝난 들깨는 수확해 'RE100 윙윙꿀벌방앗간 생들깨기름'을 생산합니다.

'RE100 윙윙꿀벌방앗간 생들깨기름'은 미호동 13가구의 태양광발전(생산량 확인 가능한 단말기 부착) REC(재생에너지 인증서)를 농업회사법인내포㈜가 구매해 이뤄졌습니다.

또한 충남 예산과 홍성, 대전 미호동의 할머니 농부 100여 명이 농약 사용을 안 하고 농사지은 들깨도 윙윙꿀벌식당 역할을 마치면 'RE100 윙윙꿀벌방앗간 생들깨기름' 제조에 활용됩니다.

꿀벌, 소농과 맛있는 공존

꿀벌을 부르는 RE100 생들깨기름

생들깨기름 세트 홍보물

윙윙꿀벌식당은 꿀벌을 보호하면서 들깨 농부 할머니들을 지원하고 재생에너지 생산과 RE100 상품 생산, 생들깨기름 생산과 기후·탄소중립 교육도 진행하는 꿀벌 탄소중립 순환경제 모델입니다. 꿀벌들과 같이 농사 지은 'RE100 윙윙꿀벌방앗간 생들깨기름' 사러 미호동넷제로공판장으로 오세요.

- 김완득 어르신(98세 마을주민)

Q 넷제로공판장이 미호동에 생기고 어떤 경험들을 하셨고 어떠셨는지 궁금해요. 초기 공판장에서 고추장, 채소 등을 판매도 하고, 수익금이 생기면 어르신께 갖다 드렸다고 하던데요?

김완득 그냥 먹고 남는 거니까 그냥 그거 팔았지. 내가 장사를 하는 사람도 아니고 내가 먹고 남는 거. 된장도 조금 달라고 해서 된장도 팔고, 고추장도 좀 주고. 판매금이 생기면 기뻤지 아주 고마웠지.
그런 거라도 거기서 팔아 본다고 한다 길래 그래 갖다 놔 봐라 했지. 우리 동네 공판장인데 그래도 뭐라도 갖다 놔야~ 누가 오면 들여다보고 뭐가 있구나 알 거 아니야. 그래서 갖다 놓으라고 그랬지.

Q 마을에 넷제로공판장이 생겨서 뭐가 좋으세요?

김완득 뭐 여러 가지가 좋지. 동네에 관광차가 한 번 와도 넷제로공판장에 들려서 가고 하니까 자랑스럽지. 자랑스럽게 생각하지. 마을에 이런 공판장이 생겨서 다른 데서 이렇게 사람들 견학도 오고 그렇게 하니까 좋잖아. 미호동에 내가 살면서 죽기 전에 그런 걸 보고 죽는다는 게 좋은 거지.

Q   마을투어할 때 마을회관에 재생에너지 (태양광, 지열) 견학 온 분들
이 마을회관에 가서 구경하고 그러는데. 그때 어떠셨어요? 견학 온
사람들이 다들 마을회관 둘러보고 '이 마을 할머니들처럼 살고 싶
다' 그러시거든요~.

김완득   우리 동네를 손님들이 와서 둘러보고 가는구나 하고 기뻤지. 또 견
학 온 사람들이 청승맞고 구석 없다고는 안 해서 고맙지.

Q   넷제로공판장 통해서 들은 이야기 중 어떤 이야기가 가장 기억에
남으세요?

김완득   우리 조카딸 하나가 미국 가 살고 있어. 그런데 걔한테도 전화가 왔
더라니까. 큰어머니 방송에 나왔다고. 내가 텔레비 나오더라고~(대
전MBC 다큐 에세이 그사람 미호동 넷제로 이야기 출연) 그리고 다른 사람
들도 가끔 '아이고, 테레비 나오시대' 그렇게 말하는 사람이 있어.

Q   넷제로공판장이 생기고 완득님이나 마을이 변한 점이 있을까요?

김완득   그래 고맙지. 젊은이들이 찾아오는 걸 보는 것만 해도 고맙고 그래
도 미호동 하면 넷제공판장이 있다는 걸 알잖아. 누구 어디 가면 얘
기도 하지~ 미호동에 우리 넷제로공판장도 생겨서 거기서 물건도
팔고 우리 것도 갖다 판다고. 자랑하지~.

PART

2

에너지자립마을:
미호,
햇살을 품다

미호동넷제로공판장을 열고 여러 시행착오를 겪는 과정에서 얻은 가장 큰 자산은 주민들의 '신뢰'입니다. 마을학교를 열어 기후위기와 탄소중립, 신재생에너지에 대해 공부하고, 그림자 극단을 꾸려 공연을 하고, 쓰레기 없는 넷제로장터를 직접 기획하고 운영하면서, 닫혀 있던 마음의 문이 조금씩 열리고 연결된 겁니다. 작지만 하나하나 함께 일군 성과들이 우리의 자신감과 자부심을 더해 주었습니다. 막연했던 에너지자립마을에 대한 꿈도 단단해졌습니다.

이제 해유는 미호동넷제로공판장 운영을 넘어 미호동에 에너지자립마을을 만드는 에너지전환의 바람을 일으키기 위해 한 걸음 더 나아가고 있습니다.

지역 에너지전환을 위한 해유의 전략은 크게 두 가지입니다. 우선 재생에너지에 대한 편견과 오해를 없애고 실제로 유용하다는 걸 구체적인 사례로 입증하는 겁니다. 기후위기와 재생에너지는 어떤 관계가 있고 재생에너지가 왜 시대의 흐름이 되었는지 알리기 위해 웹툰을 제작해서 개념을 쉽게 이해할 수 있도록 돕고 구체적인 수치로 비교했습니다. 2021년에는 한·EU 에너지전환 정책 개발 프로젝트에 참여해서 전문가 워크숍과 국제컨퍼런스를 통해 선진 사례를 연구하였고, 대덕구에 에너지전환 정책을 제안하기도 했습니다.

또 다른 전략은 지속 가능한 에너지전환을 위한 물적·인적 기반을 조성하는 것입니다. 재생에너지 시설을 건립하는 데 필요한 자금을 마련하고, 마을에 설치하고, 지역 주민들이 주체적으로 참여하는 전 과정을 세밀하게 설계하고 운영하는 작

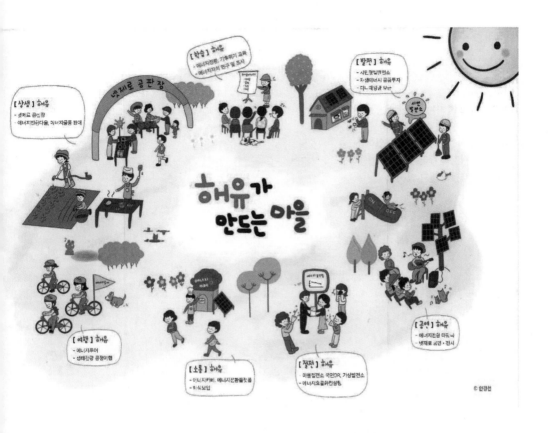

업입니다. 이를 위해 산업통상자원부 기술개발사업 참여, 재생에너지 발전설비 설치, 대전 공유햇빛발전소 준공과 가상상계 서비스 연결, 에너지마을학교와 기후에너지위원회 운영, 솔라시스터즈와 RE100 마을투어 등 지난 4년을 숨가쁘게 달려 왔습니다. 미호동 주민들의 적극적인 참여와 정부, 기업, 지역 단체, 시민들의 에너지가 만나 시너지를 일으킨, 연대와 협력의 결과입니다.

이제 에너지전환의 선진 사례를 찾아 외국에 연수를 갈 필요가 없습니다. 미호동이 새로운 모델이 되었다는 건 해마다 찾아오는 방문객의 숫자로도 확인할 수 있습니다. 그 간의 여정을 따라가 봅니다.

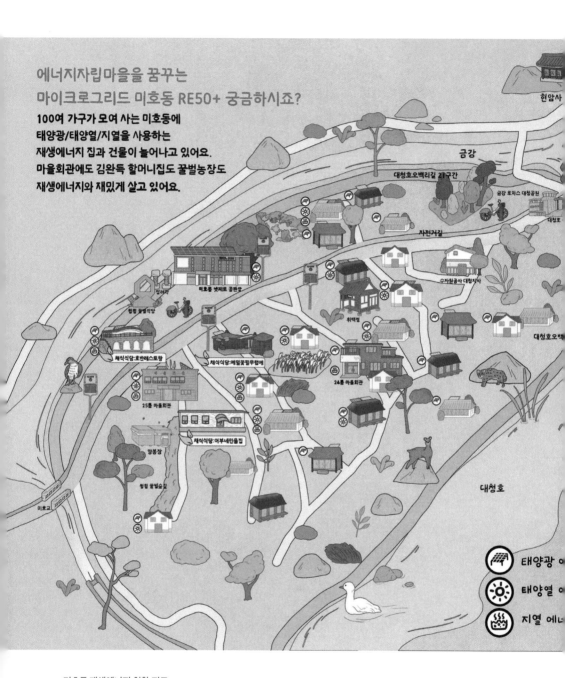

에너지자립마을을 꿈꾸는
마이크로그리드 미호동 RE50+ 궁금하시죠?

100여 가구가 모여 사는 미호동에
태양광/태양열/지열을 사용하는
재생에너지 집과 건물이 늘어나고 있어요.
마을회관에도 김완득 할머니집도 꿀벌농장도
재생에너지와 재밌게 살고 있어요.

현암사

금강

대청호오백리길 21구간

금강 로하스 대청공원

대청호

자전거길

수자원공사 대청지사

미호동 벗제로 공판장

징여각

원림 꿀벌식당

위백정

대청호오백

채식식당:호반레스토랑

채식식당:메밀꽃필무렵에

24통 마을회관

25통 마을회관

채식식당:어부네민물집

양봉장

대청호

원림 꿀벌숲길

미호교

태양광 에

태양열 에

지열 에

미호동 재생에너지 현황 지도

1 │ 마이크로그리드

분산에너지 활성화 특별법
2024년 6월 14일부터 시행되고 있다. 대규모 발전설비로 전력을 생산하고 송전·배전 설비를 통해 소비 지역으로 보내는 기존 중앙 집중형 에너지 시스템의 대안으로, 에너지 분권을 강화하고 지역 단위의 안정적이고 효율적인 에너지 시스템을 마련하기 위해 2023년 6월 제정되었다.
*분산에너지란?: 에너지를 사용하는 공간·지역 또는 인근 지역에서 공급하거나 생산하는 에너지 (출처: 분산에너지 활성화 특별 법 제2조)

해유는 2021년 11월부터 3년간 산업통상자원부와 한국에너지기술평가원이 주관하는 '주민주도형 마을단위 RE50+ 달성을 위한 마이크로그리드 연계운영 실증기술 개발' 사업(이하 '마이크로그리드 실증사업')에 에너지 전문기업 신성이앤에스(주)와 함께 연구개발기관으로 참여했습니다. 해당 사업의 실증 대상 지역은 미호동 마을 일원(대전광역시 대덕구), 전북 군산시, 충남 보령시의 세 곳으로, 2024년 10월까지 마을 단위 에너지 자립률 50% 이상 달성을 목표로 지역별 신재생에너지 발전설비 설치와 분산에너지 시스템을 구축하기 위한 기반을 마련하는 사업이었습니다.

사용 전력의 100%를 신재생에너지로 충당하는 캠페인 'RE100'은 이제 기업들만의 이야기가 아닙니다. 2023년 환경백서에 따르면, 우리나라에서 배출하는 전체 온실가스(2021년 기준 676.6백만톤CO2-eq)의 40% 이상은 가정, 상업, 수송 등 비산업 분야에서 배출되고 있습니다. RE100을 개인의 생활 영역으로 확산할 필요가 있습니다. 각 가정에서 신재생에너지로 전기를 생산하고 마을 단위로 전력망을 연결해서 수요와 공급을 관리한다면, 전력 생산에 사용되는 화석연료를 줄이고 에너지 효율을 향상시켜 탄소중립을 앞당길 수 있습니다.

'마이크로그리드(Micro-grid)'는 한 지역에서 전력을 자급자족할 수 있도록 설계하는 독립형 전력망을 의미합니다. 태양광, 풍력, 지열 등의 신재생에너지원과 에너지저장장치를 융복합한 차세대 전력 체계로, 새로운 에너지 산업의 트랜드인 탈탄소화(De-carbonization), 디지털화(Digitalization), 분산화(Decentralization)를 반영하고 있습니다.

**전력 생산-소비 공동체,
마이크로 그리드**

기후위기와 화석연료 고갈, 디지털 기술 발전 등 시대의 변화에 대응하여 발전한 개념으로, 기존 대형 발전소를 중심으로 한 전력 공급망이 아닌 신재생에너지와 같은 분산에너지 자원으로 소규모 전력 공동체를 구성하는 것이다. 즉 에너지 자급자족이 가능한 최소 단위의 전력망을 의미한다.

마이크로그리드 실증사업 개념도

넷제로공판장 건립과 운영 과정에서 형성된 미호동복지위원회와 신성이앤에스(주), 해유의 연대와 신뢰의 관계는 마이크로그리드 실증사업에 대한 미호동 주민들의 적극적인 참여와 협조를 이끌었습니다. 그 결과 순탄하게 각 가정에 태양광발전설비를 도입할 수 있었고 2023년 5월 'RE50+(재생에너지 충당률 50% 이상)'를 조기 달성할 수 있었습니다. 이후 위너지 앱 개발과 주민 활용, 에너지마을학교와 기후에너지위원회 운영을 통해 주민들의 에너지 정보에 대한 문해력과 자치 역량도 강화하고 있습니다.

마이크로그리드 실증사업에 참여하면서 얻은 또 다른 주요 성과 중 하나는 주민들이 재생에너지를 긍정적으로 생각하게 된 것입니다. 탄소중립과 에너지전환 교육, 주민공청회를 통한 소통의 결과, 주민들의 재생에너지 수용력이 높아졌고 다음 단계로 나아갈 수 있었습니다. 대전시 대덕구 임대주택 단지 내 유휴공간에 설치한 공유햇빛발전소와의 전력 거래 방안을 마련하여, RE50+를 넘어 'RE100 마을'을 실현하는 동시에 지역사회의 에너지전환도 촉진하고 있습니다.

표 6. 미호동 'RE100 마을' 실현 전략

개인	마을
• 내가 쓰는 전기는 최대한 내가 생산한다 (재생에너지 자가발전). • 쓰고 남은 전기는 옆집과 거래한다 (전력거래). • 우리집에서 생산하고 소비하는 전력정보(에너지)를 실시간으로 확인하고 에너지를 효율적으로(절전) 사용한다.	• 마을에서 사용하는 전기는 외부 전력이 아닌 마을에서 생산하여 사용한다. • 전국 최초 에너지자립마을 'RE100 마을'을 달성한다.

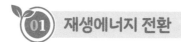

01 재생에너지 전환

2024년 5월 기준 미호동의 태양광발전설비 설치 가구는 66가구로 총 93가구의 약 71%이고, 각 가정에 설치한 설비 용량은 3kW, 5kW로 총 발전 용량은 329kW입니다. 태양광발전설비 설치로 미호동 마을은 경제적인 혜택뿐만 아니라 생활 편익도 증가했습니다. 특히 걱정 없이 전기를 사용할 수 있다는 점에서 주민들의 만족도가 높았고, 에너지 자립을 통해 탄소중립을 실천하고 있다는 자부심도 주민들의 참여도를 높였습니다.

"7년 전에 전기요금을 줄이려고, 쫓아다니면서 태양광 패널을 설치했어요. 지금은 전기요금 조금 내는 게 아니라 재생에너지를 사용하고 사람들에게 널리 알릴 수 있다는 게 뿌듯해요."

"전기요금이 많이 나오니까 해야겠다 했지만, 지금 같이 이렇게 덥고, 빙하가 녹는다고 하면…. 돈 때문에 시작했지만, 이것이 다음 세대에게 우리가 누렸던 것들을 더 많이 누리게 하고 겪지 않아야 할 고통을 더 겪지 않게 하는 방법이라고 생각합니다."

- 마이크로그리드 실증사업_대전시 대덕구 미호동 이해관계자 워크숍
  주민 경청회 내용 중에서

표 7. 미호동 재생에너지 설치 현황 (2024년 5월 기준)

태양광(가정용 발전)	태양광발전설비 설치 가구	66가구 (약 71%)
	가구당 발전 용량(kW)	3 또는 5
	총 발전 용량(kW)	329
태양열(온수)	설비 용량(㎡)	6
	설치 장소	13곳
지열(난방)	설비 용량(kW)	17.5
	설치 장소	14곳

"다른 보일러는 가서 켜고 끄고 막 이렇게 해야 되잖아. 근데 지열 보일러는 그냥 생전 안 끄고 내버려 둬도 뜨끈뜨끈 하거든."

- 김완득 어르신과 조영아 씨 인터뷰 중에서

지열 에너지로 연중 따뜻한 난방을 공급하는 마을회관은 평균 나이 97세 어르신 세 분의 생활공간이기도 합니다. 난방비 걱정 없이 따뜻한 공간에서 담소를 나누고 식사를 하시는 모습을 보면 에너지전환이 가져올 세상의 변화를 가늠할 수 있습니다. 재생에너지는 탄소중립 실현을 통해 기후위기에 대응할 수 있는 미래의 에너지일 뿐만 아니라, 취약계층의 복지문제를 해결함으로써 삶의 질을 높일 수 있는 무한한 잠재력이 있습니다.

전기고지서와 위너지 앱을 살펴보고 있다

에너지마을학교에 모인 주민들

미호동 마을 지붕마다 반짝이는 태양광 패널들이 올라가고 에너지 자립을 위한 물적 기반이 마련되면서, 2023년과 2024년에는 '에너지마을학교'가 열렸습니다. 말로만 듣던 햇빛 발전을 직접 눈으로 확인한 주민들은 에너지마을학교 학생들답게 질문도 구체적입니다.

"태양광 설치한 지 좀 오래된 것은 패널을 닦아야 할까요?"
"생산되는 전기량은 얼마나 되나요?"
"재생에너지 발전이 잘 되고 있는 거 맞을까유~?"

미호동 주민들이 에너지마을학교에서 깻묵으로 키링을 만들고, 신탄진주조(주)의 막걸리 제조 비법을 배우며 즐거운 시간을 보내고 있다.

에너지마을학교의 교육 내용도 재생에너지 생산자이자 소비자인 미호동 주민들에게 도움이 되는 유용한 정보로 가득 채워졌습니다. '위너지 앱'과 함께하는 에너지 수다, 전기고지서 제대로 보기, 로컬 부산물로 키링 만들기와 RE100 양조장의 비법 배우기 등 마을학교인지 마을잔치인지 분간하기 어려울 만큼 즐겁고 유쾌한 배움의 장소가 되었습니다. 내친 김에 추억의 수학여행도 가봐야겠지요? 2023년 순천시에너지센터와 순천만 에너지자립마을을 방문해 다른 지역의 에너지전환 노력과 친환경 건축에 대해 알아보았고, 2024년에는 보령댐 수상태양광 발전소를 견학하고 예산군 농업회사법인내포(주)의 들기름 공장에서 지속가능한 농업과 농민들의 창업 이야기를 들었습니다. 모두 미호동 마을의 새로운 미래를 탐색하는 시간이 되었습니다.

미호동의 '수학여행'은 대부분 고령인 마을주민들에게 많은 감동을 안겨 주었습니다. 학창시절에도 제대로 누리지 못한 수학여행을 간다는 것 자체로 힐링이 되었습니다. 배움의 기쁨을 통해 자기효능감을 느끼고 숙식을 함께하며 신뢰를 회복하고 소속감도 느낄 수 있었습니다.

미호동 에너지마을학교의 수학여행은 마을주민들에게 견학 이상의 의미가 있다. 함께 시간을 보내며 마을 간 단절되어 있던 관계를 회복하고, 마을을 새롭게 디자인할 수 있는 영감과 용기를 얻는다.

"에너지마을학교가 도움이 되었어요. 24, 25통이 처음으로 만나서 얼굴을 보고, 마을끼리 소통한다는 게 좋았습니다."
"주민들이 학습하고 인식하고 나서 사업을 하니 사업을 이해하는데 도움이 되었어요."
"처음에는 태양광발전만 알았어요. 에너지학교를 통해서 분야도 넓어지고, 모르는 단어도 알게 되고, 범위가 조금씩 넓어지는 것 같아요."

- 마이크로그리드 실증사업_대전시 대덕구 미호동 이해관계자 워크숍 주민경청회 내용 중에서

'아는 만큼 보게 되고 보면 사랑하게 된다'는 말이 실감나는 요즈음입니다. 작지만 구체적인 성과들이 쌓이면서 해유와 미호동 마을의 꿈은 커져만 갑니다. 배움에 대한 갈망은 새로운 가능성을 확신하는 사람들이 느끼는 자연스러운 감정입니다.

03 위너지 앱

위너지 앱의 기능

위너지 앱의 기능은 다양하게 확장될 수 있다. 에너지 데이터를 분석하여 컨설팅을 제공하거나, 향후 개인 간 전력 거래가 허용되면 잉여 전력을 이웃과 거래하는 플랫폼이 될 수 있다.

위너지 앱은 에너지 전문기업이자 마이크로그리드 실증사업 연구개발기관인 신성이앤에스(주)에서 2023년에 개발한 에너지 정보 서비스 앱입니다. 태양광으로 자가 발전을 하는 시민들이 효능감을 느끼고 에너지를 효율적으로 사용할 수 있도록 설계되었습니다. 스마트폰에 설치된 앱을 사용하여 태양광발전과 전기 사용 현황을 실시간으로 확인할 수 있고, 이웃과 자신의 에너지 생산 및 소비 수준을 비교할 수 있습니다. 또 알림을 통해 전송되는 에너지 미션에 참여하여 전기를 절약하면 포인트를 받을 수 있고, 적립된 포인트는 현금으로 전환하여 사용할 수 있습니다. 자발적인 에너지 절약을 유도하여 합리적인 에너지 소비 습관을 기르는 데 기여하는 유용한 도구입니다. 태양광발전과 위너지 앱 사용에 대해 궁금한 점을 문의하고 고장 및 불편사항을 앱을 통해 신고할 수 있는 기능도 탑재되어 있습니다.

해유에서는 매년 에너지마을학교를 통해 위너지 앱 사용설명서를 배포하고 교육을 실시해 주민들의 이해를 돕고 있습니다. 위너지 앱은 재생에너지에 대한 주민 수용력과 에너지 자립률을 높이는 수단으로 개발되었지만, 스마트폰에 익숙하지 않은 노년층 주민들이 디지털 시대에 필요한 정보 기술을 습득하고 자존감을 높이는 부수적인 효과도 거두고 있습니다. 처음에 위너지 앱을 설치할 때는 해유 직원들이 와이파이 설정하는 것부터 일일이 챙겨야 했고 지금도 뭔가 이상하다며 넷제로공판장을 찾아오시지만, 청년들이 쇼핑할 때마다 쌓이는 포인트, SNS 팔로우와 좋아요 수를 확인하며 뿌듯함을 느끼듯, 미호동 주민들은 수시로 핸드폰을 꺼내고 위너지 앱을 눌러 확인하면서 에너지 생산과 스마트폰 사용의 즐거움을 누리고 있습니다. RE100 마을투어 참가자들이 태양광 설치 가정을 방문하면 어디선가 나타나 스마트폰에 설치된 위너지 앱을 꾹 눌러 보여주시는 마을 어르신들. 그 환한 표정을 볼 때마다 해유 직원들은 뿌듯함에 가슴이 벅차오르는 걸 느낍니다.

RE100 마을투어에서 마을주민 이기광 어르신과 솔라시스터즈 송정희 씨가 방문객들에게 위너지 앱을 소개하고 있다.

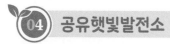
마이크로그리드 실증사업의 일환으로 2023년 11월에 준공한 대전 공유햇빛발전소는 한국토지주택공사(이하 LH)에서 매입한 신탄진 지역의 임대주택 8개 동 유휴공간(옥상)에 설치한 태양광발전소(총 195㎾)입니다. 미호동 마을에는 발전설비를 설치해 재생에너지를 사용하고 싶어도 여건상(집의 구조, 일조량 등) 설치하지 못하는 가구들이 있어서, 이웃에서 생산한 전력을 미호동 마을에 가상으로 연결하는 '햇빛 공유' 개념을 도입하여 에너지 자립을 위한 대안을 마련한 것입니다. 대전 공유햇빛발전소의 전력 판매 수익금은 부지를 제공한 임대주택 주민들에게 에너지바우처와 미호동 농산물로 되돌려 줍니다. 신탄진동, 덕암동 주민과 미호동 주민은 공유햇빛발전소를 통해 재생에너지와 친환경 농산물을 거래하는 셈입니다. 미호동 에너지자립마을 활동과 태양광발전설비의 유지·보수 비용으로도 사용할 예정입니다.

대전 공유햇빛발전소 가상상계 서비스 개념도

가상상계 서비스(VNM)

VNM(가상넷미터링, Virtual Net-Metering)은 재생에너지 발전소를 사용처와 다른 곳에 설치하고 관련 전력 생산 정보를 바탕으로 사용처에서 사용할 수 있도록 가상으로 연결시켜 주는 제도이다. 현행 전기사업법은 발전사업자가 생산한 전력을 전력시장에서만 거래하도록 규정하고 있다. 가상상계 서비스는 규제 샌드박스 제도를 활용한 특례 적용으로, 이웃 간의 전력 거래를 가상으로 중개(전기요금 상계 처리)하는 것이다.

"규제 특례로 추진되는 이번 VNM(Virtual Net-Metering) 실증은 국내 최초로 시도되는 P2P(개인 간) 전력 거래로 그 의미가 큽니다."

- 신성이앤에스(주)의 김영덕 대표이사 인터뷰 중에서

한국에너지공단 대전충남지역본부, LH, 신성이앤에스(주)와 해유의 협력으로 성사된 대전 공유햇빛발전소와 미호동 마을의 VNM 연결은 실제 연결된 전력망을 통해 이루어지는 전력 거래는 아니지만, 차세대 전력체계인 마이크로그리드의 토대가 되는 실증 사례라 할 수 있습니다. 무엇보다 태양광발전소를 증설하는 과정에서 발전소 부지를 제공한 임대주택 주민들에게 설명회를 통해 탄소중립과 에너지 교육을 진행하고, 78가구에 에너지 절전용품을 지원함으로써 지역사회의 탄소중립 실현에 기여할 수 있었습니다. 그리고 대전 공유햇빛발전소에서 생산한 전력을 판매한 수익금으로 미호동 농산물을 구매하고 에너지 복지 기금으로 활용한 것은 기후정의와 지역순환경제를 구현하려는 노력이자 상징적으로도 의미가 있는 시도라 할 수 있습니다.

05 미호동 기후에너지위원회

해유는 미호동 마을주민들과 기후위기에 대응하는 미호동 고유의 에너지자립마을 모델을 만들기 위해, 2024년 2월 '미호동 기후에너지위원회'를 조직했습니다. 미호동복지위원회와 넷제로장터 주민운영위원회, 솔라시스터즈 등 그간 활동했던 마을 자치 경험을 바탕으로, 미호동 주민 10명으로 위원회를 구성하였고, 첫 활동으로 에너지마을학교와 수학여행, 윙윙꿀벌식당 프로젝트를 함께 기획했습니다. 앞으로도 미호동의 에너지 자립 현황을 꾸준히 점검하면서 마을의 에너지전환과 탄소중립 실천 이야기를 담은 홍보물을 제작하고, 미호동 마을에 맞는 에너지 자원과 특화 사업을 발굴하는 등 마을주민들이 주체가 되어 미호동의 변화와 혁신을 지속해 나갈 계획입니다.

2024년 2월 1일에 열린 기후에너지위원회 회의. 호반레스토랑의 2023년 기후후원금 전달을 기념하고 있다.

표 8. 2024년 미호동 기후에너지위원회 구성

직책	이름	활동
위원장	차선도	미호동복지위원회 위원장
부위원장	김재광	신탄진동 25통 통장, 채식메뉴 개발 및 판매
부위원장	송정희	신탄진동 24통 통장, 솔라시스터즈
부위원장	양흥모	에너지전환해유 사회적협동조합 이사장
위원	조영아	솔라시스터즈
위원	서염숙	솔라시스터즈, 윙윙꿀벌식당 자문
위원	양옥희	솔라시스터즈
위원	이순화	넷제로장터 위원
위원	송선영	화가
위원	조인우	농부
위원	김금숙	넷제로장터 위원

2 | RE100 마을투어

"미호동복지위원회는 넷제로공판장이 지구에도, 주민의 삶에
도 모두 이로운 공간으로 자리 잡을 수 있도록 지속적으로 마을
과의 가교 역할을 해 나갈 것입니다. 미호동을 찾는 분들이 풍
경만 보는 것이 아니라, 이곳을 터전으로 삼고 살아가는 주민들
의 삶까지 느껴볼 수 있었으면 합니다."

- 차선도 미호동복지위원회 위원장의 넷제로공판장 개관 기념 인터뷰 중에서

RE100 마을투어는 미호동 마을을 찾아온 방문객들에게 미호
동 주민들로 구성된 솔라시스터즈가 직접 마을을 안내하고 에
너지전환과 탄소중립 실천의 경험을 나누는 프로그램입니다.
재생에너지 100%로 전력을 충당하는 에너지자립마을을 함께
만들어 가고 있다는 자부심은 주민들의 생생한 경험담과 함께
방문객들의 가슴에 고스란히 전해집니다.

미호동 마을의 에너지 자립은 지역사회의 지지와 협력으로 달성될 수 있습니다. 주민들은 에너지 절약과 재생에너지의 도입을 위해 함께 노력하고, 시민들은 이러한 노력을 지지하고 공유함으로써 마을의 에너지 자립을 더욱 강화시켜 갑니다. RE100 마을투어는 미호동 주민들이 시민들을 만나고 마을을 넘어서 다른 지역에 영감을 줄 수 있는 좋은 기회가 됩니다. 미호동 마을의 이야기는 재생에너지와 지역사회의 힘을 보여주는 모범 사례로서, 더 많은 사람들이 에너지 자립을 위한 노력에 참여하고, 지속 가능한 미래를 위해 함께 노력하는 계기를 마련해 주었습니다.

이제 미호동 마을주민들을 부르는 호칭은 다양합니다. 마을 에너지 상담사, 에너지 투어 가이드, 에너지 검침원, 햇빛발전 선생님 등 주민들이 마을을 변화시키는 주체로 성장하면서 역할도 다양해졌습니다. 미호동 주민들은 그간의 경험이 더 많은 사람들과 공유되길 바라며 오늘도 에너지 레인저로 열심히 활약하고 있습니다.

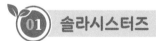

솔라시스터즈

'솔라시스터즈'는 해유와 함께 일하는 미호동의 여성 에너지 활동가를 부르는 이름입니다. 현재 70대 여성 주민 4명이 활동하고 있고, 2024년에는 기후에너지위원회의 위원으로도 일하며

미호동 솔라시스터즈 사총사(왼쪽부터 서염숙, 송정희, 양옥희, 조영아)

마을에서 중추적인 역할을 하고 있습니다. 솔라시스터즈는 크게 세 가지 역할을 합니다. 가장 주된 일은 태양광발전설비를 설치한 미호동 가정에 매월 1회 주기적으로 방문하여 인버터(햇빛으로 생산된 직류 전기를 교류로 바꿔주는 장치) 점검과 위너지 앱 확인, 불편사항을 수집하는 일입니다. 방문객들의 요청이 있는 경우에는 RE100 마을투어를 안내하고, 매월 평가 회의를 진행하여 개선점을 찾고 활동 계획도 수립하고 있습니다.

솔라시스터즈는 미호동 에너지자립마을이 만들어낸 녹색 일자리로, 해유에 지원할 때 서류와 면접 심사를 거친 당당한 합격자들입니다. 활동 시간은 월 20시간 기준으로, 소정의 활동비를 지급받고 재생에너지 전환과 주민 자치의 성과를 상징하는 미호동의 '얼굴'과 같은 존재입니다.

솔라시스터즈의 활동도 나날이 진화하고 있습니다. 마을 방문객들에게 직접 강의를 하고, 아이들에게 그림책을 읽어 주고, 텃밭 체험을 돕기도 합니다. 2023년 12월 14일에는 라디오 국악방송 '꿈꾸는 청춘'에 송정희 씨가 출연해 탄소중립, RE100, 마이크로그리드 등 어려운 용어를 척척 설명해 가며 미호동 에너지자립마을을 소개했습니다. 에너지 자립을 함께 일군 과정과 솔라시스터즈로 일하는 감동을 마을주민의 생생한 목소리로 전달한 것입니다. 마치 1970년대 걸그룹 이름 같기도 한 '솔라시스터즈'는 '태양'을 수놓은 초록색 유니폼을 입고 미호동 마을의 넷제로 문화를 알리는, 든든한 홍보 대사가 되었습니다.

표 9. 미호동 솔라시스터즈 신청 동기

이름	마을에서 하는 일	신청 동기	햇빛 발전은?
서염숙	양봉업 종사	지구의 환경을 살리는 데 도움이 되는 마을 에너지 활동에 참가해서 조금이나마 도움이 될 수 있다면, 열심히 배워가면서 일해보고 싶습니다. 허락하시면 마을분들과 잘 소통하면서 열심히 하겠습니다.	햇빛 농사입니다.
송정희	신탄진동 24통 통장	에너지 활동가로 참여함으로, 주민들과 소통, 주민들의 삶의 애환을 가까이에서 알 수 있을 것 같고요. 마을학교 수강함으로, 재생에너지 자립마을에 관심과 마을 에너지 활동가를 함으로, 나 자신의 에너지로 충전될 것 같아 도전했습니다.	태양광
양옥희	마을 농부	에너지 활동을 통해 애정을 갖고 주민과 소통하는 좋은 시간이 될 수 있고 이번 기회에 나 스스로가 더욱 발전할 수 있는 계기가 되었으면 좋겠다!	희망과 아름다운 빛
조영아	마을주민 (복분자, 오디 재배)	마을 일에 참여하기 위하여 재생에너지, 기후위기, 환경보호를 실천하기 위하여 자기계발을 위하여 지원하였습니다.	지구지킴이

(출처: 2023년 활동가 지원서 내용 중)

넷제로공판장 방문객들에게 미호동 마을을 소개하고 RE100 마을투어를 안내하는 솔라시
스터즈

 마을투어 코스

솔라시스터즈가 안내하는 RE100 마을투어는 세 코스가 있습
니다. 투어에서 주요한 내용은 다양한 코스를 통해 태양광 발전
가구를 방문하는 것입니다. 발전설비와 위너지 앱을 직접 눈으
로 확인하며 재생에너지 발전에 대해 궁금한 점을 묻고, 에너지
전환과 자립률을 높이기 위해 마을주민들이 어떤 노력을 기울
이고 있는지 알아봅니다.

"태양광 설치하고 나니까 전기요금을 내는 게 적어. 설치하
길 잘했어."
"우리 집 에너지 자립률 볼텨? 우리 집은 자립률이 100%가
넘어."

더불어 마을 지명의 유래, 상수원보호구역이 된 사연, 넷제로공판장 개관과 에너지자립마을 추진 등 미호동 마을도 소개하고, 마을을 산책하며 취백정, 차윤주·차윤도 효자 형제 정려각과 같은 문화유산을 둘러봅니다. 또 지열에너지로 난방을 공급하는 마을회관을 방문해 평균 나이 97세인 마을 삼총사 어르신들을 만나 삶에 어떤 변화가 있었는지 이야기를 들어보기도 합니다. 주민들의 생생한 목소리로 에너지전환 이야기를 들을 수 있고, 미호동의 청정한 자연과 고즈넉한 풍경을 즐길 수 있는 RE100 마을투어는 참가자들에게 꾸준히 좋은 반응을 얻고 있습니다.

RE100 마을투어는 마을주민들이 주인공이다. 에너지전환과 복지의 경험을 방문객들과 나누고 있다(좌). 솔라시스터즈가 마을회관(지열 난방)에서 생활하는 어르신들을 소개하고 있다(우).

〈RE100 마을투어 코스 / 약 30~40분 소요〉

1코스 | 넷제로공판장 → 미호동 유래비 → 취백정

　　　　→ 마을회관(지열) → 이기광님 댁(위너지 앱)

　　　　→ 넷제로공판장

2코스 | 넷제로공판장 → 윙윙꿀벌식당

→ 서염숙님 댁 양봉농가 → 김금숙님 댁(위너지 앱)

→ 넷제로공판장

3코스 | 넷제로공판장 → 윙윙꿀벌식당

→ 정려각, 금강생태마당

→ 차선도님 댁(태양광, 태양열, 지열, 위너지 앱)

→ 넷제로공판장

 채식 식당과 기후후원금

미호동 마을에서의 넷제로 체험이 일회성으로 끝나지 않고 일
상의 삶과 가치관의 변화로 이어지려면, 미호동에 머물며 보고
듣고 즐기는 모든 순간에 넷제로의 가치와 지향이 담겨 있어야
합니다. 대청호로 가는 길목에 있는 미호동 마을에는 여행객들
이 아름다운 금강과 자연을 즐기며 호젓하게 식사를 할 수 있는
맛집이 많이 있습니다. 해유는 미호동 마을을 찾아오는 손님들
이 식사도 넷제로 라이프스타일로 즐기길 바라며 지역 상인들
을 설득하기 시작했습니다. 넷제로공판장 견학과 RE100 마을
투어의 여정에 채식 식사를 포함시키고, 세 곳의 식당(호반레스
토랑, 메밀꽃필무렵에, 어부네민물집)을 섭외하여 채식 메뉴를 추가
하거나 개발을 의뢰한 겁니다. 호반레스토랑은 애호박 느타리
덮밥과 토마토 파스타를 메뉴에 추가했고, 2023년에는 지역 주

민이 직접 농사지은 사과로 만든 사과카레덮밥을 개발했습니다. 메밀꽃필무렵에 식당은 버섯전골, 들깨옹심이메밀칼국수 등의 채식 메뉴를 제공하고, 어부네민물집은 2024년에 새로운 메뉴로 제철나물 비빔밥을 선보였습니다.

2024년 지구의 날 미호동 식당과 함께하는 비건 라이프 협약식, 왼쪽부터 메밀꽃필무렵에, 어부네민물집, 호반레스토랑과 에너지전환해유

특히 호반레스토랑은 기후에너지위원회에서 활동하는 김재광 통장이 운영하는 식당으로, 매년 채식 메뉴 판매로 발생한 수익금의 5%를 기후위기 대응 활동에 후원하고 있습니다. 해유의 채식 식당 연계 프로그램으로 2022년부터 2년간 약 1,000명이 호반레스토랑에서 채식 식사를 한 것으로 집계되었습니다. 앞으로도 해유는 지역의 식당, 상점과의 협업을 통해 새로운 여행 코스와 채식 메뉴를 개발하여 RE100 마을투어의 가치와 의미를 살리고 참가자들의 만족도도 높일 예정입니다.

애호박 느타리 덮밥 **토마토 파스타** **사과카레덮밥**

미호동 호반레스토랑은 2022년부터 해유의 채식 식당 연계 프로그램에 적극 참여하고 있다.

솔라시스터즈, "우리는 마을 에너지 활동가"

- 송정희 〈대전국악방송〉 라디오 인터뷰(2023.12.14)

사회자 오늘 소개할 분은 솔라시스터즈입니다. 노래 부르는 그룹은 아니고 솔라라는 단어에서 추측할 수 있듯이 마을 재생에너지 활동가입니다. 대전광역시 대덕구 미호동에서 솔라시스터즈로 활동 중인 송정희 미호동 통장님을 모셨습니다. 대전광역시 대덕구 미호동이 에너지자립마을이라고 들었습니다. 이 미호동이라는 마을부터 좀 소개해 주세요.

송정희 미호동 마을은 100여 세대가 사는 작은 마을인데요, 금강과 대청호로 둘러싸인 상수원보호구역입니다. 그리고 우리 마을은 산업통상자원부 지원사업으로 2021년부터 에너지 자립마을 프로젝트를 진행하고 있는데요, 사업의 정식 명칭은 '주민주도형 마을단위 RE50+ 달성을 위한 마이크로그리드 연계운영 실증기술 개발 사업' 입니다.

사회자 그렇군요. 우리 송정희 님 그리고 지금 말씀해 주신 거 이름이 조금 어려운데요. 좀 더 쉽게 설명해 주세요.

송정희 쉽게 말해서 마을 단위의 전력 체계를 바둑판 모양의 그리드 개념으로 접근해서 재생에너지 발전량과 전력 소비량을 모니터 해 재생에너지 자립률 50% 이상을 달성하는 겁니다. 우리 미호동은 탄소중립플랫폼 넷제로공판장을 열고 에너지마을학교 또 솔라시스터즈 활동, 마을에너지위원회 계획 등 순차적으로 주민주도형 에너지자립마을을 조성해 나가고 있습니다.

사회자 그렇군요. 저희가 솔라시스터즈라고 해서, 마을 에너지 활동가라고 해서 좀 젊은 분이라고 생각했습니다. 그래도 한 40대 정도라고 생각했는데 아니 제가 보고 나서 깜짝 놀랐습니다. 결례가 안 된다면 대략 어느 정도인지 우리 애청자 여러분들이 좀 궁금해 하실 듯 싶어가지고 좀 물어보고 싶어요.

송정희 예. 우리 솔라시스터즈는 미호동의 70대 여성으로 구성되었습니다.

사회자 듣기로는 이제 마을 대부분의 가구가 태양광발전기를 설치했다고 들었는데 맞습니까?

송정희 네, 맞아요. 우리 미호동 마을 전체가 한 100여 가구 정도 되는데 그중에서 지금 70가구가 태양광발전기를 설치했고요, 내년 상반기까지 80가구가 태양광발전기를 설치할 계획입니다.

사회자 아니 미호동이라는 마을이 좀 달리 보이는데요. 그러면 에너지자립마을에서 활동하는 솔라시스터즈는 구체적으로 어떤 활동을 하십니까?

송정희 네, 우리 솔라시스터즈는 한 달에 한 번씩 태양광발전기의 인버터를 점검하고요, 인버터 점검하면서 고장 여부 또 발전이 잘 되고 있는지 점검하고 있습니다. 그리고 각 가구의 태양광발전량과 전기 소비량을 한눈에 볼 수 있는 위너지 앱을 이용하는 안내를 하고 있고요. 또 앱 설치도 해드리고 있습니다.

사회자 아니 그런 걸 하실 수가 있어요?

송정희 네, 저희가 에너지마을학교를 통해 이런 교육을 잘 받았습니다. 그리고 단체 견학을 오는 경우에는 마을 투어도 하고 있어요.

사회자 누구누구인지 좀 소개해 주세요. 솔라시스터즈.

송정희 솔라시스터즈 멤버가 서염숙 그리고 저 송정희 또 양옥희, 조영아 이렇게 네 분입니다.

사회자 전부 다 70대 여성이고 조금 전에 말씀해 주셨듯이 원래 이 네 분이 에너지 전문가이신가요? 태양광 쪽에 좀 관심이 많으셨나요?

송정희 아니요. 전혀 관심이 없었어요. 저 같은 경우는 처음에 현수막에 마이크로그리드 MG 사업 그렇게 씌어 있길래 이게 무슨 MG 새마을금고 사업인가 그렇게 생각을 했었거든요. 이렇게 전혀 몰랐었습니다. 그런데 에너지마을학교를 통해서 신재생에너지가 무엇이고 또 기후 위기가 어떤 것이고 또 탄소중립 같은 거, 재생에너지에 관한 것들을 알게 되었습니다.

사회자 네, 조금 전에 어려운 용어들을 자세하게 소개 말씀해 주셨는데, 이 솔라시스터즈 여러분들은 에너지 자립과 관련된 용어를 잘 아시겠네요. 아까 시작하면서 RE100 말씀해 주셨는데 RE100 그러니까 알파벳 RE 말씀하시는 거죠? 그 다음에 탄소중립, 재생에너지, 기후위기, 제로웨이스트 이런 용어들 전부 다 아시겠는데요. 그러면 RE100이 뭔지 그것부터 좀 설명해 주세요.

송정희 네. RE100은 기업이 어떤 제품을 만들 때 필요한 전력을 재생에너지만 100% 사용해서 만들겠다고 선언하는 국제적인 캠페인인데요, 즉 어떤 제품이나 마을, 도시 등의 재생에너지를 통한 에너지 자립률을 뜻하는 것입니다. 더불어 우리 미호동 마을은 RE50+마을인데요, 이 뜻은 우리 마을 내에 에너지 자립률을 50% 이상 달성해 보자라는 겁니다. 제가 점검하는 집들을 보면 어떤 분은 200% 또 어떤 분은 300%, 에너지 자립률이 100% 이상 집들도 꽤 많이 있습니다.

사회자 대단하네요. 지금 에너지 자립률이라는 것은 태양광을 이용해서 우리가 가정에서 쓰고 있는 것은 전부 다 우리가 만들어 쓰겠다, 이런 거죠? 그래서 마을의 햇빛 발전량과 에너지 소비량을 계속 체크하시는 거죠?

송정희 그렇죠. 우리 솔라시스터즈가 그것을 체크하고 있는 거죠. 그리고 우리 미호동 마을은 산업통상자원부의 연구개발사업 실증지역으로서 RE50+ 마을을 달성하기 위해서 앞서 말한 재생에너지를 설치하고 발전량과 소비량을 체크하고 있습니다. 또 '위너지'라는 앱을 통해서 실시간으로 우리 집에서는 지금 얼마나 발전이 되고 있고 소비량은 얼마인지 이런 것을 앱을 통해서 확인할 수가 있습니다.

사회자 제가 오늘 많이 배우고 있습니다. 그러면 선생님 재생에너지하고 제로웨이스트 그 말씀도 좀 해 주십시오.

송정희 네. 재생에너지는 우리 마을에 설치한 태양광, 태양열, 지열 등 이런 자연 에너지를 통해 생산되는 에너지를 통틀어서 재생에너지라고 하죠. 제로웨이스트는 숫자 제로와 또 쓰레기를 의미하는 웨이스트를 합쳐서 쓰레기가 하나도 없게 만들자라는 뜻으로, 우리 일상생활 속에서 불필요하게 넘쳐나는 플라스틱과 일회용기 쓰레기를 줄이고 최소화하자는 그런 의미입니다.

사회자 선생님, 제가 박수 한번 보내드리겠습니다. 똑 떨어지네요. 그러면 음식이나 이런 거 시킬 때도 모두 본인들 그릇을 사용한다는 거죠? 플라스틱이나 이런 거 안 사용하고요?

송정희 일회용기를 사용하지 않는 거죠.

사회자 그러니까 제로웨이스트를 일상 속에서 실천하고 계시는 거네요. 에너지 자립 활동을 평소 집이나 일상생활에서 실천하고 계실 텐데 예를 들어서 선생님은 어떤 것들이 있을까요?

송정희 저는 멀티탭을 사용하고 있고요. 또 외출할 때는 전원 플러그를 다 빼놓고 나옵니다. 오늘 같은 경우도 전원 플러그를 다 빼놓고 왔습니다. 냉장고 같은 것만 빼놓고요.

사회자 마을에 미호동에 넷제로공판장이 있지 않습니까? 대청댐 가면서 이게 뭐지 하면서 가 봤는데 마을주민들 농산물도 팔고요, 그리고 뭘 사 올 때 장바구니 가져가서 포장재 없이 사 오고, 그런 게 이제 생활화돼 있지 않나 싶어요. 그러면 넷제로공판장에 대해서 좀 소개해 주십시오.

송정희 네. 넷제로공판장 그 자리는 예전에 미호동 인근에 있는 청남대 아시죠? 청남대를 지키는 파출소였습니다. 그런데 청남대가 개방되면서 파출소는 사라지고 이후 '정다운마을쉼터'라는 이름의 마을 공판장과 회의장으로 사용하다가 운영이 어려워져서 애를 먹고 있었지요. 그러다가 에너지전환해유 사회적협동조합과 대덕구, 미호동복지위원회와 주민들이 협력해서 넷제로공판장을 만들었습니다. 넷제로공판장은 기후위기 시대에 탄소중립에 대해 배우고 각 가정에서 실천하는 것을 도울 수 있는 곳이라고 생각해요. 쓰레기가 덜 나오는 물품이나 또 환경적으로 가치가 있는 물품들 또 지역의 친환경 로컬푸드를 판매하고 있습니다. 그리고 1층은 앞서 말한 제로웨이스트 물품들과 미호동 주민들이 생산한 농산물을 판매하고 있고요. 2층은 교육과 체험을 할 수 있는 넷제로 도서관이 있습니다. 제로웨이스트와 탄소 중립 등 실천을 도울 수 있는 물품들을 판매하는 곳이니까 대청댐 가는 길에 여러분 한번 들러 주세요.

사회자 알겠습니다. 제가 한 번 봤더니 샴푸가 그냥 샴푸가 아니던데요. 친환경으로 플라스틱 용기에 담겨 있지도 않습니다. 그래서 '특이한데' 하면서 구입했던 그런 기억도 납니다. 에너지 자립 활동의 하나로 무환자나무를 키우는 일도 하신다고 들었거든요? 이게 어디다 쓰는 나무입니까?

송정희 이 무환자나무가 우리 넷제로공판장 마당에 두 그루가 있고요. 또 마을분들도 자기 집이나 밭에 키우기도 합니다. 이 무환자나무는 자식들의 병을 없애주는 나무라고 해서 무환자나무라고 하는데요, 그 씨앗은 염주로 많이 사용하고 있다고 합니다. 그리고 과육은 세정, 세척 등 설거지와 빨래를 할 때 사용할 수 있는데 천연세제로 쓸 수가 있습니다. 이것을 외국에서는 소프넛, 비누열매라고도 합니다. 또 무환자나무는 밀원수라고 해서 기후위기로 사라지고 있는 꿀벌들에게 중요한 꿀이 가득한 나무이기도 합니다.

사회자 설거지할 때 어떻게 써야 되는 겁니까?

송정희 설거지 할 때요, 설거지 할 때는 대여섯 알을 병에 물과 함께 넣고 흔들면 거품이 나고요. 그 거품을 활용해서 설거지를 할 수 있습니다. 그리고 세탁할 때는 망에다 한 10개 정도 넣고 세탁물과 함께 세탁기를 돌리면 되고요, 꺼내서 말린 후 다시 사용할 수 있습니다.

사회자 궁금한 건 이거예요. 과연 깨끗해질까?

송정희 깨끗해지니까 천연세제라고 하죠.

사회자 우문현답이군요. 그러면 선생님 앞으로 솔라시스터즈 어떤 활동 계획을 준비 중이신지 그것도 좀 여쭤보고 싶습니다.

송정희 네. 우선 우리 솔라시스터즈가 올해 해 왔던 활동들과 인버터 점검, 위너지 앱 안내 그리고 미호동 마을에 오신 분들을 위해서 RE100 마을투어 안내 등을 내년도에도 지속하려고 하고요, 또 에너지전환해유와 함께 내년도 계획을 구체적으로 짜 봐야겠지만 마을 내 에너지위원회를 구성하려고 해요. 그리고 4명의 솔라시스터즈 말고도 마을의 에너지에 관심 있는 분들과 새로운 계획을 세우려고 합니다. 마을 사람들이 솔라시스터즈 활동하고 나서 에너지에 대해 관심이 아주 많아졌어요. 그리고 내년에도 에너지마을학교를 함께 계획하고 준비할 예정이고요. 마을에 오신 분들에게 마을 투어를 다양하게 할 수 있도록 코스도 개발하고 공부도 해야겠죠.

사회자 우리 솔라시스터즈가 마을투어를 진행해 주시는군요. 감사합니다. 오늘 말씀 들으면서 여러 가지 생각들을 하게 되네요. 오늘 열린 초대석은 솔라시스터즈 마을 에너지 활동가로 열심히 활동 중이신 대전광역시 대덕구 미호동에 사시는 송정희 님과 함께 했습니다. 오늘 함께해 주셔서 고맙습니다.

송정희 네. 감사합니다.

〈솔라시스터즈 소개〉

▶ 솔라시스터즈 송정희
미호동(신탄진동 24통) 최초 여성 통장이다. 넷제로공판장에서 진행하는 에너지마을학교에 참여한 후 솔라시스터즈로 활동 중에 있다.

▶ 솔라시스터즈 서염숙
미호동에서 양봉업을 하고 있으며 윙윙꿀벌식당의 자문을 맡고 있다. 솔라시스터즈로 활동 중이며, 꿀벌농장과 윙윙꿀벌숲길에서 꿀벌 프로그램을 해유와 함께 진행하고 있다.

▶ 솔라시스터즈 양옥희
넷제로공판장 개관식 때 '미호송'을 합창했다. 넷제로장터 때마다 손수 농사지은 농산물을 판매하고 최근에는 솔라시스터즈로 활동 중에 있다.

▶ 솔라시스터즈 조영아
집 텃밭에서 복분자, 오디, 산딸기 등을 재배한다. 천연수세미를 곱게 다듬어 공판장에 납품한다. 솔라시스터즈로 활동하며 마을주민들과 소통하는 것을 즐긴다.

PART

3

넷제로 협업
미호,
물결이 되다

"자식들이 우리 엄마가 달라지고 있다고 하고, 손자에게도 영향을 미치고 있다고 어르신들이 말씀하시거든요. 그래서 한 사람의 변화와 한 마을의 변화이지만 이건 분명히 효과가 있을 것이다, 그리고 그렇게 더 되어야 한다고 생각합니다."
- 남은순 해유 사무국장 인터뷰 중에서

해유는 2020년 4월 27일에 창립하고, 2021년 넷제로공판장을 열고, 지역사회 기반의 에너지자립마을 모델을 만드는 과정에서 많은 시행착오를 겪으며 성장했습니다. 돌아보면 무엇 하나 혼자 이룬 일이 없습니다. 정부, 공공기관, 기업, 미호동 주민, 시민 모두가 함께 머리를 맞대고 힘을 모으고 희망의 끈을 놓지 않았기에 가능한 일이었습니다. 2023년에는 한국환경연구원의 'Post-코로나19 시대, 뉴노멀을 향한 지역의 지속 가능한 전환연구Ⅱ'에서 미호동과 넷제로공판장, 해유의 사업과 활동이 지역의 지속가능한 전환 사례로 주목을 받는 성과도 거두었습니다. 이제 해유는 그간의 경험을 바탕으로 새로운 도약을 준비하려 합니다.

지난 4년이 미호동을 중심으로 에너지전환과 탄소중립 실현의 물적 토대를 닦고 가시적인 성과 만들기에 집중한 시간이었다면, 앞으로는 지역사회의 연결망을 촘촘히 다지며 이웃 마을과 타 지역으로 넷제로 생태계를 확산해 나가려고 합니다. 신탄진주조(주)의 100% 재생에너지로 생산한 RE100 우리술 디자인, LH임대아파트 시민참여형 햇빛발전소 건립, 탄소중립 환경교육 교재와 교구(솔라 플레이 블록) 개발, 에너지자립마을의 로컬 콘텐츠 개발 지원 등 2023년에 이룬 사업의 성과는 해유가 나아가야 할 방향을 잘 보여주고 있습니다. 사업 활동 외에도 해유는 대전에너지전환네트워크, 시민발전협동조합연합회와 같은 지역의 단체와 연대하여 전 지구적인 기후위기에 공동 대응하면서 지역사회의 변화를 앞장서서 이끌어가고 있습니다.

미호동 주민들과 해유가 모은 햇빛 에너지가 조금씩 파동을 일으키고 있습니다. 서로를 믿고 연대와 협력을 이어간다면, 우리가 할 수 있는 일은 무궁무진할 것입니다.

해유의 대표 에너지전환 상품, RE100 우리술과 시민햇빛발전소

윙윙꿀벌식당

기후위기로 사라지는 꿀벌과 생태계 보호를 위해
꿀벌의 먹이원인 밀원식물을 시민들과 함께 심고 가꿉니다.

1 | 기업 ESG

사회적협동조합인 해유는 기후위기에 대응하고 지속 가능한 사회를 만드는 것을 목적으로 경제 활동을 하는 사회적경제 기업입니다. 설립 이후 꾸준히 신재생에너지 발전, 에너지 효율화, 문화 콘텐츠 개발, 교육과 컨설팅 등 다양한 분야에서 사업을 추진해 오고 있습니다. 해유가 사업을 하는 목적이 사회문제 해결에 있기 때문에, 사업을 추진하는 과정에서 다양한 기관, 단체, 기업을 만나고 협업을 도모하고 있습니다.

최근에는 많은 기업들이 친환경(Environmental) 경영, 사회적 책임 경영(Social)과 지배구조 개선(Governance)을 의미하는 ESG 경영을 새로운 시대에 대응하는 생존 전략으로 내세우고 있습니다. ESG 경영을 제대로 하지 않는 기업은 이제 더 이상 소비자와 투자자의 선택을 받을 수 없기 때문입니다.

해유가 사업을 기획하고 추진할 때 가장 중요한 일 중 하나

ESG 경영

국내외적으로 기업 활동에 대한 감시와 규제(ESG 경영 공시화, 공급망 실사, 온실가스 배출 책임 강화와 무역 규제, 그린워싱 규제 등)가 강화되고 있다. ESG 경영은 기업의 사업 역량과 미래를 결정하는 주요한 변수가 되었다.

는 필요한 기술과 자원을 제공할 수 있는 대기업, 공기업, 자치단체, 협동조합 등의 협력 파트너를 찾는 일입니다. 이제 협력기업과 기관의 ESG 경영을 촉진하고 지역사회의 넷제로 실현 방안을 함께 모색하는 일 또한 사업의 성패를 가르는 중요한 과제가 되었습니다.

넷제로공판장을 리모델링할 때 공사비를 지원하고, 지난 3년간 미호동 마을의 에너지 자립을 위해 마이크로그리드 실증사업을 이끈 신성이앤에스(주)는 해유의 오랜 파트너입니다. 대전시 대덕구의 전통주 생산업체인 신탄진주조(주)와는 국내 최초로 재생에너지 100%로 만든 RE100 우리술을 함께 출시했습니다. 임대아파트 햇빛발전소 건립을 지원한 LH, 금융취약계층에게 미니태양광을 제공한 한국자산관리공사(Kamco) 대전충남지역본부 등 공기업과도 해유는 지역의 에너지전환과 에너지복지를 실현하기 위해 긴밀하게 협력하고 있습니다.

새로운 길을 만들며 앞으로 나아가는 것이 쉽지 않지만 뜻을 같이 하는 사람들이 있어서 든든합니다. 오해와 편견에 진실이 묻히고, 크고 작은 문제에 봉착할 때마다 해결사들이 나타납니다. 한번 맺은 인연이 얼마나 소중한 것인지를 그리고 신뢰와 호혜의 관계망이 가진 연대의 힘을 해유는 경험으로 알고 있습니다.

01 RE100 우리술

2001년 설립된 신탄진주조(주)는 집안 대대로 내려오는 비법으로 국내산 쌀과 누룩을 사용해 술을 만들어 온 대전지역 대표 전통주 생산업체입니다. 2017년 사랑의열매 '착한 기업'으로 선정되기도 한 신탄진주조(주)는, 해유와의 만남을 계기로 2021년 4월 '대덕형 RE100'의 1호 사업장으로 참여했습니다. 대덕형 RE100은 2020년에 대전시 대덕구에서 추진한 탄소중립 캠페인으로, 2030년까지 사용 전력의 100%를 신재생에너지로 전환하겠다고 선언한 지역 소재의 기업과 협약을 맺고 기업의 RE100 목표 달성을 지원하는 정책입니다.

신탄진주조(주)는 RE100 달성을 위해, 처음에는 정부가 신재생에너지 사업자에게 발행하는 신재생에너지공급인증서인 REC(Renewable Energy Certificate)를 시장에서 구매했는데, 지금은 신탄진주조(주) 양조장 옥상에 태양광 패널을 설치하여 자가 공급하고, 모자라는 전력은 해유의 시민햇빛발전소 1호(2023년 건립)에서 생산한 전력(REC)을 구매하고 있습니다.

지역에 건설된 시민햇빛발전소에서 REC를 직접 구매하는 것은 특별한 의미가 있습니다. 2022년 11월 대덕구, LH 대전충남지역본부, 대전충남녹색연합, 신성이앤에스(주), 신탄진주조(주)와 해유의 6개 기관이 맺은 협약과 시민들의 참여로 맺은 결실입니다. 시민들의 투자금을 모아 대덕구 법동주공3단지 아파트에 햇빛발전소를 건설하고, 생산 전력으로 RE100 상품을

신재생에너지공급인증서 (REC)

정부는 RE100 참여 기업·기관들이 재생에너지를 직접 구매할 수 있도록 2021년 8월부터 신재생에너지공급인증서 거래 시스템(REC 거래 시장)을 운영하고 있다.

개발해 해유가 지향하는 '지역순환경제'의 대표 모델을 만들어 낸 것입니다. 신탄진주조(주)의 'RE100 우리술'은 그렇게 탄생한 국내 첫 번째 'RE100 상품'입니다.

2022년 12월 전국 최초로 출시된 RE100 우리술은 청주 '하타'와 약주 '단상지교' 2종으로, 금강의 물과 금강 변에서 생산한 쌀을 원료로 만들고, 화력과 핵 발전이 아닌 태양광발전으로 생산하여 플라스틱 용기가 아닌 유리병에 담아 판매하기 때문에 환경적 가치가 큽니다. 6개월 생산량 기준으로 탄소 배출량 약 672,889톤CO_2-eq를 줄일 수 있습니다.

이산화탄소 환산량 (CO2-eq)

온실가스(이산화탄소, 메탄, 아산화질소, 수소불화탄소, 과불화탄소, 육불화황 등) 배출량을 대표 온실가스인 이산화탄소로 환산한 양이다.

RE100 상품(우리술) 지역순환경제 모델

RE100 우리술 하타& 단상지교

RE100 우리술 맛있게 먹는 법(페어링)

약주인 '단상지교'는 조청을 술로 표현한 듯 고소하고 점성이 높은 단맛을 지녀 진한 소스나 짭쪼름한 음식 등 묵직한 안주류와 느긋하게 즐기기 좋은 술이다.

청주 '하타'는 깔끔하고 절제된 드라이한 맛을 자랑한다. 안주 없이 순수하게 그 자체로 즐기기 좋은 스트레이트한 술이다.

〈RE100 하타〉

금강유역에서 재배한 토종쌀과 특허균주를 발효시켜 만든 청주. 쌀 베이스의 입국을 사용해 누룩향이 없으며, 절제되고 깔끔한 맛과 우리 고유의 청주에서 느낄 수 있는 쌉싸름한 풍미를 갖춘 매력적인 우리술.

〈RE100 단상지교〉

찹쌀과 맵쌀을 블랜딩해 100일이 넘는 발효와 숙성 기간을 거치는 삼양주. 누룩 함량이 높아 정갈하고 고소한 향과 맛이 나는 대전 지역 특산주.

해유가 상품 기획과 디자인을 맡은 RE100 우리술은 넷제로 공판장의 대표 상품으로 큰 호응을 얻고 있습니다. 명절에는 '지구도 좋아하고 조상님도 좋아할 RE100 우리술로 차례 지내자'는 슬로건을 내걸고 선물세트를 기획하여 판매하고 있습니다. 맛도 좋고, 건강에도 좋고, 가치도 듬뿍 담고 있는 RE100 우리술은 출시 이후 꾸준한 마케팅으로 대전시 유성구 어은동 안녕거리의 동네상점 5개소에 공급하는 성과도 거두었습니다. 향후 RE100 우리술의 성과가 이어져 지역에서 다양한 'RE100 상품'이 개발되고 좀 더 많은 곳에서 만날 수 있길 기대해 봅니다.

"RE100 우리술의 특별한 점은 민·관이 자산과 자본, 기술 등을 활용해 함께 기획하고 추진한 협력 작품이라는 점이에요. 에너지전환과 탄소중립은 민·관 협력과 주민 참여가 없으면 성공하기 어렵다는 것을 보여 준 사례입니다."

- 양흥모 해유 이사장 인터뷰 중에서

RE100 스페셜라벨

'임대주택 유휴공간을 활용한 지역사회 협력의 친환경 ESG 모델 구축'은 2022년 8월에 대덕구, LH 대전충남지역본부, 신성이앤에스(주), 대전충남녹색연합과 해유가 함께 체결한 업무 협약입니다. 대전시 대덕구 법동주공3단지 아파트의 유휴공간에 태양광발전설비를 설치하고, 탄소중립과 입주민의 에너지복지를 실현하기 위해 민·관·공이 함께 협력하기로 약속한 것입니다. 이후 2022년 11월에 법동주공3단지 아파트 햇빛발전소에서 생산한 전력을 신탄진주조(주)에 판매하여 'RE100 우리술'을 개발하기로 추가 협약을 진행하였고, 사회적 취약계층이 거주하는 임대아파트 단지를 친환경 주거공간으로 조성하는 새로운 ESG 협력 모델로 주목을 받았습니다.

표 10. '임대주택 유휴공간을 활용한 지역사회 협력의 친환경 ESG 모델 구축' 협력 체계
    (2022년 8월)

대덕구	LH 대전충남지역본부	대전충남 녹색연합	신성이앤에스(주)	에너지전환해유 사회적협동조합
인허가 등 행정·예산 지원, 에너지 수요관리 사업 수행	사업 총괄관리자, 복지형 햇빛발전 사업과 사회공헌 활동(단지 내 화단 조성, 휴게시설 등 확충) 수행, 시민 참여형 햇빛발전 사업을 위한 임대상가 옥상부지 무상 제공 등 지원	입주민 미니태양광 지원사업, 에너지전환 교육·캠페인 및 탄소배출 저감효과 모니터링 등 수행	입주민을 위한 후원형 햇빛발전 사업, 햇빛발전 시설 시공 및 20년간 무상 관리 등 수행	상업형 햇빛발전 사업 및 에너지 절감 컨설팅 등 수행사업 기획과 추진 총괄

협약 내용에 따라 법동주공3단지 아파트에는 탄소를 흡수할 수 있는 녹색 정원과 함께, 목적, 용량, 운영 방식이 다른 다양한 태양광발전설비가 설치되었습니다. 2022년 11월 아파트 옥상에 설치한 50kW 공용 햇빛발전소와 신성이앤에스(주)에서 기부한 3kW 햇빛발전소를 시작으로, 가정용 미니태양광을 70세대에 공급하고 경비 노동자 휴게실과 경비실 12곳에 복지형 미니태양광을 설치했습니다. 이후 2023년 4월 상가 옥상에 94.94kW의 시민참여형 상업용 햇빛발전소(해유의 시민햇빛발전소 1호)를 설치하면서 계획했던 기반 시설이 모두 완공되었습니다.

LH 법동 주공3단지 탄소중립
마을 지도

〈'LH 법동 주공3단지 탄소중립 마을 프로젝트' 경과〉

▶ 2022년 8월 18일 : '임대주택 유휴공간을 활용한 지역사회 협력의 친환경 ESG 모델 구축' 협약(5개 기관)

▶ 2022년 9월 7일 : LH 대전충남지역본부 ESG 사업으로 정원 조성, 입주민 반려식물 200개 전달

▶ 2022년 10월 22일 : 입주민을 초대하여 넷제로공판장에서 에너지전환콘서트 '태양과 바람의 노래' 진행

▶ 2022년 11월 16일 : 신탄진주조(주)와 RE100 상품 개발 추가 협약

▶ 2022년 11월 : 신성이앤에스(주) 기부형 태양광발전소(3kW) 설치, 대덕구 융복합지원사업으로 공용 태양광발전소(50kW)를 306동 옥상에 완공

▶ 2022년 12월 : 대전충남녹색연합의 사업과 연계하여 경비 노동자 휴게실과 경비실(12개소) 및 가정(70세대)에 미니태양광 설치 완료

▶ 2022년 12월 : 입주민 에너지전환 교육 진행, 대전충남녹색연합을 통해 주민 재생에너지 수용성 조사 실시 및 보고서 제작

▶ 2022년 12월 : 전국 최초 RE100 우리술(RE100 하타, RE100 단상지교) 출시

▶ 2023년 4월 : 시민들의 투자로 94.94kW 시민햇빛발전소 완공

▶ 2023년 12월 : 햇빛발전 수익금으로 입주민 80가구에게 넷제로 꾸러미 (208만 원 상당) 지원

LH 법동 주공3단지 306동 옥상에 설치된 공용 햇빛발전소(50kW)와 베란다 미니태양광(좌, 지도 ③④),
상가 옥상에 설치한 해유 시민햇빛발전소(94.94kW) 1호 현판식에 참여한 협력기관과 시민 투자자들(우, 지도 ①)

기후위기는 사회적 약자의 피해를 키우며 삶을 위협하고 있습니다. 에너지전환과 함께 기후위기에 취약한 계층에 대한 에너지복지와 기후정의 실현은 시급한 과제가 되고 있습니다. 민·관·공의 협력으로 추진한 LH임대아파트의 에너지전환 사례는 이러한 문제를 해결하기 위한 거버넌스의 중요성을 일깨워 주고 있습니다. 사업의 신뢰성, 공익성, 효과성을 기대할 수 있어 주민들의 참여를 확대하고, 주민 교육, 사후 모니터링과 관리를 통해 주민들의 에너지전환에 대한 이해와 수용성을 높이고 에너지복지도 실현한 성공적인 협업 사례라 할 수 있습니다.

 03 미니태양광

"덥다고 어디 에어컨 쉽게 쓸 수 있나요? 주민 민원 들어오기 전에 알아서 조심해야죠."
"이런 걸 두면 이제 눈치 덜 보고 조금은 마음 편히 에어컨을 쓸 수 있을 것 같아요."

[출처] '미니태양광' 설치해 아파트 경비실 에어컨 켠다(2020년 8월 27일) / 한겨레

경비실에 에어컨이 설치된 지 2년이 지났지만, 찜통더위에도 웬만하면 선풍기만 튼다며 혹시나 주민 민원이 들어올까 조심하며 더위를 참는다는 2020년 대전시 대덕구 한 아파트 경비노동자의 인터뷰 내용입니다.

해유는 2020년과 2021년에 공동주택의 미니태양광 활성화를 위해 대덕구와 업무 협약을 맺고, '대덕구 미니태양광 보급 지원 사업'에 참여했습니다. 단독·공동주택 베란다, 경비실, 주차장, 마트, 전통시장 캐노피 등에 미니태양광 설치를 희망하는 시민들에게 태양광발전의 경험을 공유하고 미니태양광 설치를 지원했습니다.

2019년 대전충남녹색연합에서 발간한 보고서 「태양광 하실래요」에 따르면, 지역사회에 에너지전환이 확산되려면 '시민들의 재생에너지 체험을 관리하는' 전략이 필요합니다. 태양광 패널은 낯선 도구이고 전력을 직접 생산하는 것은 새로운 경험이어서 선뜻 결정하기 어렵기 때문입니다. 생소한 에너지 자원에 대한 부담감을 줄이기 위해서는 유경험자를 통해 느끼고 배우고 도전하는 기회를 마련하고 적극적으로 지원해야 하는데, 미니태양광 발전기는 발전 용량(약 300W)은 작지만 비용 및 위험 부담이 적어 재생에너지 생산 경험을 확대하기에 유리하고, 경비실이나 휴게실과 같은 작은 공간에 설치해 노동환경 개선과 에너지복지를 실현하는 데 효과가 크다는 장점이 있습니다.

2022년에도 대전지속가능발전협의회와 함께 '대화동 에너지 복지마을 사업(국제로타리3680지구 후원)'을 추진하였고, 공동주택 미니태양광 설치, 에너지전환 교육과 모니터링을 지원했습니다.

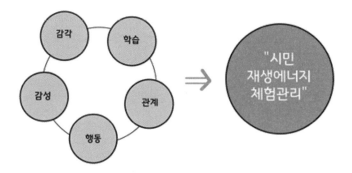

재생에너지의 수용성을 높이기 위해서는 시민들의 재생에너지 체험을 관리하는 전략이 필요하다. [출처] 「태양광 하실래요」 대전충남녹색연합, 2019, 32쪽.

아파트 경비실 미니태양광 설치 모습

　　그리고 대전충남녹색연합과 협업을 통해 법동 LH임대아파트 베란다에 미니태양광을 설치하고(아름다운가게 후원), 대전시 주민참여예산제와 연계하여 읍내동 현대아파트와 법동 LH임대아파트의 경비노동자 휴게실과 경비실에 미니태양광을 무상으로 보급했습니다. 여러 단체와 협력하여 대화동과 법동에 거주하는 취약계층 약 250세대에게 미니태양광을 지원하고, 경비 노동자 휴게실과 경비실 지붕에도 미니태양광을 설치하여 열악한 노동 환경을 개선하는 성과를 거두었습니다.

이후 대전충남녹색연합에서 미니태양광을 설치한 에너지복지사업 유경험자(아파트 경비노동자, LH임대아파트 주민) 대면 인터뷰와 대전 시민 100명을 대상으로 한 설문조사를 실시했는데, 미니태양광 패널 사용자 경험이 에너지전환에 긍정적인 태도 변화와 확산의 동기가 된다는 유의미한 결론을 도출할 수 있었습니다.

2022년 인구주택총조사에 따르면, 우리나라 인구의 52.4%가 아파트에 거주하고 있습니다. 미니태양광은 발전 규모는 작지만 도시민들이 에너지전환에 관심을 갖게 하는 계기가 될 수 있습니다. 재생에너지 수용성을 높이기 위해서는 미니태양광 보급을 확대하고 사용자의 경험을 적극 활용해야 합니다.

"집도 좁은데 베란다에 미니태양광을 달아 준다고 하니까 집이 어두워질까 걱정했어요. 그런데 그렇지 않아서 다행이에요. 베란다 밖에 설치하니까 혹시 바람 불면 떨어지면 어쩌나 걱정했는데, 설치할 때 보니까 야무지게 하더라고요. 베란다에 장독 있는 사람들은 미니태양광을 설치하면 그늘 지니까 장독에 지장이 있을까 봐 걱정하는데 그럴 필요 없겠어요. 우리 집 와서 보라고 해야겠어요."

[출처] 미니태양광 싫다는 사람들, 우리 집 와서 좀 봐요-법동 LH임대아파트 공동주택 베란다 미니태양광 설치 주민 인터뷰(2022년 11월 25일) / 오마이뉴스

공유햇빛발전

햇빛 발전의 혜택을 이웃과 나눈다는 의미다. 재생에너지 발전이 어려운 곳에 전기를 공급하고 발전수익으로 형편이 어려운 이웃에게 복지서비스를 제공한 대전의 공유햇빛발전소는 지역의 에너지전환이 에너지복지로 이어지는 선순환과 호혜경제를 실현한 사례다.

앞서 마이크로그리드 실증사업의 일환으로 2023년 11월에 준공한 대전 공유햇빛발전소는, LH의 '2023년 하반기 적극행정 최우수 사례'로 선정되는 성과를 거두었습니다. 임대주택 옥상을 활용해 태양광발전소를 짓고 발전 수익으로 입주민의 관리비를 지원하는 한편, 미호동 주민에게 VNM 연결로 전력을 공급하여 지역사회의 탄소중립과 에너지복지에 기여한 점에서 높은 평가를 받은 것입니다. 이러한 성과는 두 번째 대전 공유햇빛발전소 추진으로 이어졌습니다.

2023년 8월 해유는 대전시 동구, 서구, 대덕구, 한국자산관리공사(Kamco, 이하 '캠코') 대전충남지역본부와 업무 협약을 맺고, 캠코의 사회공헌 기금 1억 원으로 금융취약계층 100가구에게 미니태양광을 보급하기로 했습니다. 하지만 소유주와 관리사무소의 반대, 일조량 문제 등으로 난항을 겪다가 18가구만 설치하였고, 이후 남은 기금을 활용해 대전시 서구 변동에 있는 LH임대 다가구주택에 28.6kW 태양광발전설비를 설치하기로 사업 방향을 전환했습니다. LH의 임대주택 유휴부지를 활용한 태양광발전과 에너지복지 모델이 ESG 우수 사례로 주목을 받으면서, LH의 협조를 구해 대안을 마련할 수 있었고 두 번째 대전 공유햇빛발전소를 연속으로 추진할 수 있었던 것입니다. 대전시 서구 변동의 공유햇빛발전소(2024년 준공)에서 발생한 발전 수익은 금융취약계층 82가구와 옥상 부지를 제공한 LH임대

2023년 금융취약계층 미니태양광 무상 보급 업무 협약

주택 가구에게 에너지바우처를 제공하는 데 쓰일 예정입니다.

해유는 미니태양광 설치 효과를 모니터링하기 위해 앞서 미니태양광을 설치한 18가구를 대상으로 만족도 조사를 실시하고, 각 가구의 발전량을 조사하여 온실가스 감축량을 산출했습니다. 그 결과 미니태양광의 온실가스 감축량은 연간 4.95톤CO2-eq으로, 소나무 2,106그루가 1년 동안 흡수하는 온실가스의 양과 맞먹는 효과임을 확인할 수 있었습니다. 만족도 조사에서도 주민들은 미니태양광 무료 설치와 전기요금 절감 등 경제적 혜택에 대한 만족도가 높았고, 재생에너지 체험과 에너지전환 등의 사회적 가치에 공감하고 있음을 확인할 수 있었습니다. 앞으로의 사업 방향은 미니태양광 보급과 용량 확대, 에너지 절감 사업을 병행하면 좋겠다는 의견이 많았습니다.

"RE100을 선도하는 모범기업이 되겠습니다"

━━━

- 유석헌 신탄진주조 본부장

Q 'RE100 우리술'을 만드는 '신탄진주조' 소개를 부탁드립니다.

A 우리 신탄진주조는 대표님께서 쌀농사를 직접 짓는 농업회사법인
입니다. 농사지은 쌀로 생유막걸리, 대덕주, 단상지교, 하타 등 전통
주를 빚는 전문 업체입니다. 최근 몇 회에 걸쳐서 우리술 빚기 체험
도 진행하고 있습니다. 그 외에도 회사 자랑을 좀 하면, 2011, 2015,
2016년 우리술 품평회라는 농림부에서 주최하는 우리나라 최고 권
위 대회에서 3회 우수상을 수상하였고, 대전 대표 막걸리로 선정되
어 다양한 박람회 품평회를 다녔습니다. 한국 RE100 제품생산 1호
기업이기도 하고요. 최근에는 야구장 돌풍의 중심인 한화이글스 막
걸리인 '독수리막걸리'를 개발해서 유통하고 있으며, '독수리막걸리'
는 24년 우리술 품평회에서 대상을 받아 맛을 인정받았습니다.

Q 'RE100 우리술' 사업은 어떤 건가요?.

A RE100 우리술 사업은 어떻게 보면 아주 쉽고 어떻게 보면 아주 어
렵고, 그러면서도 꼭 해야 하는 사업입니다. 회사에서 사용하는 에
너지 100%를 재생에너지로 사용하면 되는 거니까 쉽죠. 그런데 그
재생에너지가 2~2.5배 정도 비싸고 직접 재생에너지를 생산하려
면 엄청난 부지 설비비가 소요되는 아주 어려운 사업이기도 합니
다. 하지만 지구 온난화로 인한 기후문제 등 여러 가지를 생각하면
앞으로는 선택이 아닌 필수 사업 유형이라고 생각합니다.

Q 'RE100 우리술'로 나오는 '단상지교'와 '하타'가 어떤 술인지 그리고 어떤 맛인지 소개해 주세요.

A 옛날에는 집집마다 술을 빚어 제사, 농사, 잔칫날 등에 마셨습니다. 그것을 가양주라고 하는데, 유씨 집안 가양주를 제품화한 것이 대덕주이고, 대덕주를 프리미엄 제품으로 업그레이드한 제품이 단상지교입니다. 누룩 함량이 높아 누룩향이 진하고 개성이 뚜렷해요. 감칠맛과 단맛의 밸런스가 좋고요. 나이가 조금 드신 분들이 좋아하는 스타일입니다. 반면 하타는 깔끔한 전통 청주입니다. 일본 사케 수입량이 늘어나자 수입량을 줄여 보려고 농촌진흥청이 한국 전통누룩에서 술을 만들면 가장 맛이 좋은 미생물을 추출 배양하여 특허받은 제조방법을 기술 이전 받은 술이 하타입니다. 쌀에 특허균주를 입혀 입국(쌀알누룩)을 넣어 만드는 깔끔한 청주인데 잔잔한 단맛과 부드러운 목 넘김, 끝맛 또한 깔끔해서 젊은 사람들이 좋아하는 스타일입니다.

Q 어떻게 국내 처음으로 'RE100 우리술' 사업을 하시게 되었나요?

A 처음에는 RE100이 무슨 말인지도 몰랐어요. 그러던 중 대덕구청 에너지정책과에서 회사로 찾아왔습니다. RE100 기업으로 가입하실 의향을 묻고, 참여를 권유도 해주시고. 사실 회사 대표님께서 TV 보시며 늘 플라스틱 쓰레기를 줄여야 할 텐데 하시며 재생이 가능한 유리병으로 용기를 변경하셨고, 회사 차도 전기차로 변경해 가는 중이었습니다. 그러한 사업 방침이 RE100 정책과도 맞아떨어졌지요. 그런데 어떻게 해야 하는지 몰라서 고민하던 중 해유 양홍모 이사장님께서 나타나셨어요. 이사장님은 히어로처럼 RE100이 무엇인지, 어떻게 해야 하는지 알려주시고, 지역의 자원과 지역생산

에너지를 활용할 방안과 도움을 받을 수 있는 방법을 알려주셔서 시작할 수 있게 되었습니다. 대덕형 RE100 1호 기업 협약으로 끝나지 않고 한국 K-RE100 1호 제품을 생산할 수 있어서 뿌듯합니다.

Q 해유와 함께 'RE100 우리술' 사업을 하시면서 기억에 남는 에피소드는 무엇일까요?

A 해유 직원들을 만나면 언제나 즐거워요. 아직도 RE100에 대해 모르는 것이 많은데 친절하게 가르쳐 주시고, 같이 미팅을 하면 세상을 위해 엄청난 프로젝트를 하는 것 같다는 생각이 듭니다. 평소 미팅은 술의 품질, 비용, 물량, 마케팅 등 딱딱하고 스트레스 받는 게 대부분인데, 해유와의 미팅은 언제나 즐겁고 재미있습니다. 생각하지 못했던 곳에서 아이디어가 나오고 연결 고리가 없던 곳이랑 연결되고. RE100 전통주 단상지교, 하타를 영업하고 다니는 모습들을 보면 언제나 새롭고 신선하죠. 저희보다 영업을 잘하시는 것 같아요. 기억에 남은 에피소드는 넷제로공판장 2층에서 미호동 마을학교 사업으로 수제 막걸리 만들기 체험행사를 한 일입니다. 개수대도 없고 체험교육 하기에는 장소도 좁고 불편하셨을 텐데 너무 즐겁게 만드시더라고요. 여성 어르신들은 옛날 추억을 떠올리는 시간이 되었고, 남성 어르신들은 내가 마실 술 직접 만든다는 재미에 빠지셨고, 다들 너무 즐거워하셨어요. 다음 체험 때는 시간과 기회가 된다면 다 같이 모여 직접 만든 술 이름도 지어주고 서로 맛도 평가하고 시상도 하면 좋을 것 같습니다. 넷제로공판장은 웃을 일이 참 많은 곳인 것 같습니다.

Q 'RE100 우리술'과 관련해 앞으로 어떤 계획을 갖고 계신가요?

A 회사 옥상의 태양광 발전량으로는 RE100을 지속하기 어려운 실정입니다. 최근 들어 전기 사용량이 많아졌거든요. 경기가 어려워 제품 가격을 올리기도 힘든 실정이고 인건비 등 생산에 필요한 비용들은 올라가고 그래서 2~2.5배 비싼 재생에너지를 구매하여 사용하는 게 쉽지는 않습니다. 회사에 태양광발전기를 더 설치하고 싶어도 공간이 부족해 설치할 수 없어요. 지금 당장 비용이 발생하더라도 회사부지 밖에 설치할 계획입니다. 그러면 전기세 걱정도 덜고 앞으로 전기세가 올라갈수록 경쟁력이 있는 업체가 되지 않을까요?

Q 기후변화를 겪고 있는 상황에서 RE100과 같은 '에너지전환사업'의 필요성을 어떻게 생각하시나요?

A 그 누구라도 필요성을 느끼지 않을까요? 폭우, 폭설, 산불 그리고 이제는 연례행사가 되어 버린 여름철 폭염과 열대야 기후변화의 심각성은 인지하고 있지만 지금 당장 비용과 제도적 뒷받침이 없으니 실행 시기를 늦추고 있는 것 같습니다. 몇몇 업체가 실행하는 것이 아니라 누구나 해야 하는 필수적인 에너지전환사업이 될 수 있도록 정부의 노력과 기업의 책임이 있어야 한다고 생각합니다.

Q 끝으로 하고 싶은 말씀은?

A RE100을 지켜 갈 수 있도록 계속해서 노력하겠습니다. 쉽지는 않겠지만 많은 업체들이 동참할 수 있도록 독려하고 RE100을 선도하는 업체가 잘 되는 모범적인 모습을 보여드리도록 노력하겠습니다.

2 | 마을과 학교

지역에서 에너지전환이 뿌리를 내리려면, 에너지자치와 에너지분권이 실현되어야 합니다. 기존의 중앙 통제 방식의 에너지 시스템이 아닌, 지역사회에서 에너지 생산과 소비에 대한 의사결정을 자체적으로 수행하고, 지역 특성에 맞는 에너지 정책을 수립할 수 있어야 합니다. 에너지전환뿐만 아니라 에너지의 효율적이고 안정적인 관리도 중요하기 때문입니다.

해유가 설립 초부터 끊임없이 시도했던 사업이 있습니다. 바로 대전 지역에 시민참여형 에너지자립 모델을 만드는 일입니다. 투자 자금을 모으기 위해 신협중앙회와 재생에너지 금융 상품을 개발하고, 주차장, 학교 건물 등 발전소를 지을 수 있는 장소를 물색하고, 시민들이 직접 투자하고 운영하는 햇빛 발전소를 세우려고 여러 차례 시도했지만 번번이 실패를 맛봐야 했습니다. 2023년 5월 10일 시민햇빛발전소 1호의 이름이 모습

"에너지전환을 당겨주세요!" 해유 시민햇빛발전소 1호 현판식

을 드러낸 날, 함께 외친 '에너지전환을 당겨주세요!'는 많은 사람들의 가슴에 강한 여운을 남겨 주었습니다. 미호동 마을에서 시작한 에너지전환의 꿈이 새롭게 펼쳐지는 순간이었습니다.

이제 해유는 넷제로공판장 마당에 1.5℃ 조형물을 세우고 무환자나무를 심으며 기도했던 마음으로, 탄소중립 실현을 위해 한 걸음 더 나아가려 합니다. 이웃 마을에 넷제로공판장의 새로운 씨앗이 뿌려지고 큰 나무로 자라날 수 있도록 돕고, 탄소중립 교육을 통해 이웃과 아이들과 함께 미래를 설계하고 희망의 꽃을 피우려 합니다.

마을과 학교는 우리가 평범한 일상을 살아가는 공간이지만, 동시에 구성원 간의 상호작용을 통해 배움과 성찰이 일어나고 언제든 변화가 시작될 수 있는 역동적인 곳이기도 합니다. 마을과 학교라는 공동체 안에서 우리는 상호 의존적인 유대 관계를 경험하며 성장합니다. '자기환경화'를 통해 지구환경의 문제를

자기환경화
자신의 환경이 아니라고 생각되는 것을 자기 환경으로 인식하고 본능적이고 적극적인 행동을 나타내는 것이다.

대전석봉초등학교 학생들이 작성한 약속문과 우리들의 '넷제로' 숲(좌), 넷제로공판장을 방문한 담쟁이어린이집(대전시 동구)에서 준비한 손팻말(우)

나의 삶과 연결시키고 기후위기와 전환의 시대에 대응할 수 있는 주도성을 기를 수 있습니다. 이제 정부 주도가 아닌 지역 주민들이 중심이 되어 호혜와 살림, 협동과 순환을 특징으로 하는 공동체 문화를 회복하고, 에너지, 먹거리, 쓰레기, 일자리, 교통 등 지역사회에 맞는 해법을 찾아야 합니다. 그 중심에는 마을과 학교가 있습니다. 이를 중심으로 하여 선한 영향력을 이웃으로 확산하며, 서로 연결되어야 합니다.

해유는 그동안 여러 지역의 마을, 학교와 협력하면서, 탄소중립 실현을 위해 함께할 수 있는 방법을 찾고 실행해 왔습니다. 경북 청도, 세종 조치원, 충남 보령 등 타 지역의 에너지전환 컨설팅과 주민교육, 대전석봉초등학교 넷제로 사이언스 스쿨, 대전여자고등학교 탄소중립 교육 컨설팅, 교사 연수 프로그램 등 내용도 형식도 다양한 새로운 연대 사업들이 꼬리를 잇고 있습니다. 물론 버거울 때도 있지만, 사람들을 만나고 사업을 추진하는 과정에서 새로운 영감과 동력을 얻고 있습니다. 재미가 없다면 지속 가능하지 않겠지요? 성공의 경험이 쌓이고 연대감이 커질수록 넷제로를 향해 가는 발걸음도 가벼워지는 걸 느낍니다.

 시민햇빛발전소

미호동 마을의 가정용 태양광발전설비, LH임대아파트의 미니 태양광과 공유햇빛발전소는 정부의 연구과제 사업비와 공기업의 사회공헌 기금 등 공적 자금으로 건설되었지만, 시민햇빛발전소는 해유 조합원이 투자하고 운영하는 '시민참여형' 태양광발전소입니다.

창립 초부터 해유가 심혈을 기울여 준비해 왔던 시민햇빛발전소가 2023년 4월 드디어 상업운전을 시작했습니다. 시민햇빛발전소 1호가 성공적으로 완공될 수 있었던 건 해유와 인연을 맺은 많은 사람들의 헌신과 단체의 도움이 있은 덕분입니다.

적당한 발전소 부지를 찾는 것부터 쉽지 않은 일이었습니다. 2020년 시민햇빛발전소를 기획할 때 대전시 대덕구 읍내동의 공공주차장을 부지로 선정하고 사업을 추진하려 했으나 의회 동의를 구하지 못해 무산되었습니다. 이후 대전시 중구에 위치한 대전성모초등학교와 협의하여 탄소중립학교 프로젝트 '지구를 구하는 학교'를 추진했지만, 부지 구조 검토로 일정이 지연되고 사업 내용이 변경되는 등 여러 어려움을 겪다가 결국 다시 좌절을 맛보아야 했습니다. 현재 시민햇빛발전소 1호가 세

워진 곳은 LH임대아파트 상가 옥상으로, LH와 ESG 협력 모델을 만들어 에너지전환과 에너지복지를 연계시키면서 태양광 패널을 올릴 수 있었습니다. 발전소 건설비는 2020년부터 신협 중앙회와 여러 차례 협의하며 출시하려 했던 재생에너지 공공투자 정기예금 상품이 무산된 후, 해유 조합원의 투자와 한국에너지공단 금융지원사업으로 대출을 신청하여 마련할 수 있었습니다.

〈해유 시민햇빛발전소 1호 개요〉

- 위치 : 대전시 대덕구 법동, LH임대아파트 상가 옥상
- 발전용량 : 94.94kW
- 상업운전 개시일 : 2023년 4월 21일
- 발전량 : 84.9MWh(2023년 4~12월), REC 125개 생산

시민햇빛발전소 1호는 연간 57.312 톤CO_2-eq의 온실가스를 줄일 수 있을 것으로 예상되고, 2023년에는 약 8개월간의 햇빛 발전으로 84.9MWh의 전력을 생산하여 125개의 신재생에너지공급인증서(REC)를 발급받았습니다. REC는 신탄진주조(주)에 판매하여 전국 최초의 RE100 우리술을 개발하는 성과를 거두었고, 발전 수익금으로 입주민 80가구에게 208만 원 상당의 친환경 물품 꾸러미를 지원할 수 있었습니다. 꾸러미는 발전소 부지 임대 기간 동안 연 1회 제공하여 입주민과의 상생 관계를 지속적으로 유지해 나갈 계획입니다. 이후에도 해유는 여러 기

2023년 3월 해유 시민햇빛발전소 1호 시공 현장

업과 단체에 문을 두드리며 시민햇빛발전소 추가 건립을 위한 노력을 이어가고 있습니다.

 탄소중립 마을 컨설팅

넷제로공판장과 시민햇빛발전소가 이처럼 안정적으로 운영되고, RE100 마을과 미호동 기후에너지위원회를 중심으로 한 에너지자치가 가시화되면서, 해유의 넷제로 활동은 더욱 풍성해졌습니다. 다른 기관과의 연대로 새로운 프로그램을 개발하고, 주민교육과 사업 컨설팅을 통해 지역사회의 에너지전환을 지원하고, 유럽의 에너지전환 사례 연구와 재생에너지 수용성 조사를 수행하며 내적 역량도 다져 나갔습니다.

2022년에 대전시 대덕구 3개 동 마을공동체와 진행한 '1동 1

청도군 소라리·호화리 탄소중립 시범마을주민교육

에너지사업'은 탄소중립 기초·심화 교육과 실천사업을 함께 추진한 모범적인 컨설팅 사례입니다. 각 마을에서 탄소 배출 없는 친환경 마을축제를 기획하고 재생에너지와 비전력 놀이 체험부스를 운영할 수 있도록 해유의 넷제로 노하우를 공유하고 체험 프로그램과 교구를 지원했습니다.

2023년에는 경북 청도군청의 의뢰로 탄소중립 시범마을인 화양읍 소라리에서 3년, 매전면 호화리에서 1년 동안 주민교육을 진행하여, 에너지전환과 탄소중립에 대한 이해를 돕고 넷제로공판장 운영과 미호동 에너지자립마을의 경험을 바탕으로 마을에서 실천할 수 있는 다양한 탄소중립 프로그램을 공유했습니다. 무엇보다 주민들이 사업의 대상이 아닌 에너지전환의 주체로 직접 탄소중립 마을을 디자인하고 운영하는 자치 역량을 강화하는 데 초점을 맞추어 교육을 진행했습니다. 세종시 조치원읍 상리에서도 에너지체험관 운영을 준비하는 상리 마을관리 사회적협동조합 임직원과 조합원을 대상으로 로컬 콘텐츠 개발 교육을 실시하여, 미호동이 어떻게 에너지자립 목표를 달성할 수 있었고 어떤 실험과 노력을 하고 있는지 생생하게 전달할 수 있었습니다. 앞으로도 해유는 제2의, 제3의 미호동 마을이 탄생하는 과정을 함께하는, 넷제로 지구의 든든한 이웃이 되고 싶습니다.

표 11. 에너지전환 · 탄소중립 협력기관 및 단체

교육 · 컨설팅		
연도	협력 기관/단체	내용
2020	대전시 대덕구청	넷제로 지킴이 교육
2021	대전시 대덕구 회덕동 주민자치회	마을 에너지전환 활동가 양성 교육
	대전시 대덕구 구즉마을 환경지원센터	마을 에너지전환 활동가 양성 교육
	한국에너지공단 대전충남지역본부	마을 에너지전환 활동가 양성교육(중리동 권역)
	충남 공주시 평생교육원	기후위기·에너지전환 교육프로그램 설계 지원
	대전시 동구 공동체지원센터	기후위기·에너지전환 교육프로그램 설계 지원
2022	(주)그린내일	환경교육과 교구 개발 컨설팅
	대전 서구 내동마을축제위원회	탄소중립 마을축제 기획
2023	세종시 조치원읍 상리에너지자립마을	넷제로 로컬 콘텐츠 개발
	전남 영광군 에너지센터	탄소중립 에너지전환 전문가 양성 기본과정
	광주시 서창에너지전환마을	탄소중립 교육과 에너지전환 체험
	서울시 노원구 탄소중립2050 구민회의	탄소중립 시민실천단 교육

연구 · 조사		
연도	협력 기관/단체	내용
2021	대전시 대덕구청	에너지계획 수립 주민 에너지기획단 워크숍 용역
	한-EU 기후행동 외 3곳	유럽 지역 에너지전환 사례 연구를 통한 대덕구 에너지전환 정책 발전전략 제안
	한국에너지공단 대전충남지역본부	중리동 LED 교체 지원 사업: 29가구 설치 지원과 인터뷰 조사
2022	대전충남녹색연합	대전지역 에너지전환 기초조사 보고서: 미니태양광 설치 경비실과 아파트 세대 대상 재생에너지 수용성 향상을 위한 연구
2023	한국에너지공단 대전충남지역본부	탄소중립마을 조성 협력사업
	한국자산관리공사 대전충남지역본부	금융취약계층 미니태양광 지원 보급 사업
	한국토지주택공사, 한국에너지공단 대전충남지역본부, 신성이앤에스(주)	재생에너지 기술개발사업의 협력과 LH입주민 복지지원을 통한 탄소중립마을 조성 사업

2021 ~2024	산업통상자원부, 한국에너지기술평가원, 신성이앤에스(주)	주민주도형 마을단위 RE50+ 달성을 위한 마이크로그리드 연계운영 실증기술 개발 사업

용역		
연도	협력 기관/단체	내용
2022	충남 보령시청	에너지전환 교육(지역에너지계획 수립을 위한 주민교육)
	대덕구 자원봉사센터	자원봉사자 대상 탄소중립 교육 및 체험활동 심화교육
	경북 청도군청	소라리 탄소중립 에너지전환 시범마을주민교육
	대전시 중구청	마을공동체 역량강화 교육
2023	대전시 대덕구청	1동 1에너지사업: 탄소중립 · 에너지전환 교육과 마을 에너지전환 사업 추진(대화동, 목상동, 중리동)
	경북 청도군청	소라리 · 호화리 탄소중립 에너지전환 시범마을주민교육
	춘천두레소비자생활협동조합	에너지카페 사과나무 환경교육 커리큘럼 개발

후원		
연도	협력 기관/단체	내용
-	(사)여성인권티움	제로웨이스트 여성물품 후원
	대전이주민지원센터	기부금 후원
	대전충남녹색연합	기부금 후원
	대전환경운동연합	기부금 후원
	법동주공3단지 아파트	연말 넷제로 꾸러미 지원
	소소필름협동조합	기부금 후원
	영일지역아동센터	넷제로 미호밭두렁 프로그램 및 후원물품 지원
	(주)케이티엔지	탄소저감 캠페인 참여 대학생 친환경물품 후원
	대전광역시립장애인종합복지관	제로웨이스트 여성물품 후원
	재단법인 주거복지재단	친환경물품 후원
	민들레의료복지사회적협동조합	친환경물품 후원
	미호동마을회관	친환경물품 후원
	빈들교회	친환경물품 후원

해유는 지역사회 곳곳에 미호동과 같은 '탄소중립 마을' 플랫폼이 생겨날 수 있도록 다방면으로 지원하고 있다.

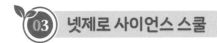

넷제로 사이언스 스쿨은 '지역사회로 찾아가는 넷제로 과학교육'으로, 미래세대의 기후위기와 탄소중립에 관한 과학적 이해를 돕고, 지역사회와 함께 넷제로 생활문화를 실천하기 위해 대전시 대덕구, 대전광역시 동부교육지원청, 대전환경운동연합, 대전석봉초등학교와 대전동도초등학교가 협력하여 기획한 학교 탄소중립 교육 프로그램입니다.

해유는 2022년 4월부터 8개월간 대전석봉초등학교에서 총 8학급 110명의 학생을 대상으로 넷제로 과학교육을 진행하였는데, 이론과 실천 교육, 넷제로 화폐 지급과 넷제로장터 사용의 현장 교육을 융합하여 교육 효과를 높일 수 있었고 참여자들의 만족도도 높았습니다.

◇ 지구를 살리는 나의 한걸음-기후과학 교육

- 기후위기와 탄소중립 기초교육으로, 학년 별로 다른 주제로 강의
  1, 2학년 : 지구가 뜨거워요-지구온난화
  3, 4학년 : 쓰확행(쓰레기를 줄이는 확실한 행동)-제로웨이스트
  5, 6학년 : 나는야 에너지 절약왕!-기후위기와 에너지전환
- 약속문과 우리들의 넷제로 숲 만들기
- 10가지 생활 실천 제안과 나만의 실천 목록 만들기

대전석봉초등학교 넷제로 사이언스 스쿨, 슬기로운 넷제로 생활 실천과 넷제로장터 현장 교육

◇ 슬기로운 넷제로 생활 실천-넷제로 생활문화 교육

  - 넷제로 생활 실천 활동 공유

  - 제로웨이스트 물품(소프넷) 체험

◇ 넷제로 카드 만들기

  - 학교 미술 수업과 연계, 넷제로를 주제로 카드 만들기

◇ 넷제로 사피엔스-넷제로장터 현장 교육

  - 넷제로 카드를 '넷제로 화폐'로 교환, 제로웨이스트 물품, 지역농산
   물로 만든 간식, 채식 식사 등 넷제로 라이프스타일 체험

학생들은 넷제로 사이언스 스쿨을 통해 각자 작성한 넷제로 생활 실천 목록을 한 달 동안 생활 속에서 실천하며 자신의 삶과 환경의 관계를 이해할 수 있었습니다. 그리고 제로웨이스트 꾸러미와 태양광 랜턴 체험 키트를 선물로 제공하고, 장터에서 사용하지 못한 넷제로 화폐는 넷제로공판장에서 일정 기간 동안 사용할 수 있도록 하여, 학생뿐만 아니라 가족 모두가 넷제로 라이프스타일을 체험하고 실천을 이어갈 수 있는 계기를 마련했습니다. 넷제로 사이언스 스쿨의 부제인 '넷제로는 이롭다'에서도 알 수 있듯이, 이론과 실천 교육에 이어 넷제로장터 현장 견학을 통해 탄소중립 실천이 지역의 경제활동과 연결되는 선순환 경험을 할 수 있었던 점에서도 의미가 있는 교육이었습니다. 대전석봉초등학교 학생들의 교육후기는 대덕구에서 주최한 '탄소중립 사이언스 스쿨 교육후기 공모전' 글과 사진 부문에서 최우수상을 수상하는 성과를 거두기도 했습니다.

책에서 나온 플라스틱 고래가 이 수업에도 나와서 플라스틱을 줄여야겠다는 생각이 들었습니다.
흥미롭고 재밌었고 여러 가지 넷제로 물품들을 알아서 좋았다.
환경이 더 깨끗해지면 좋겠고, 온난화도 사라지면 좋겠다는 생각을 했습니다.
재미있었고, 나중에 또 넷제로 수업을 듣고 싶다.
이 수업을 하고 지구를 더 아껴야겠다고 생각했다.

재미있고 즐거워서 한 번 더 해보고 싶다.

지구를 지킬 방법이 있어서 다행이다.

태양광 랜턴이 너무 재밌고, 예쁘다.

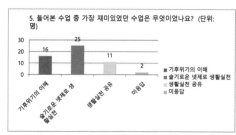

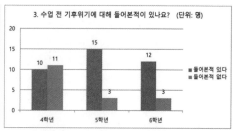

대전석봉초등학교 넷제로 사이언스 스쿨 만족도 조사 결과
[출처] 「지역사회로 찾아가는 넷제로 과학교육 용역 결과보고서」 에너지전환해유 사회적협동조합, 2022.11.

이 밖에도 기후위기와 에너지전환 강의, 제로웨이스트 물품 (샴푸바, 고체치약, 천연수세미 등) 체험 등 교육을 의뢰한 학교와 단체의 필요와 요구에 맞춰 다양한 내용의 탄소중립 교육을 실시하고 있습니다. 필요할 경우 '찾아가는' 교육도 진행하여 교육 현장에서 탄소중립 실천의 중요성을 공감하고 넷제로 문화가 확산될 수 있도록 노력하고 있습니다. 하지만 대전석봉초등학교의 넷제로 사이언스 스쿨과 달리 대부분 일회성 교육에 그치는 한계를 가지고 있어, 기획 단계에서부터 민·관 협력으로 예산과 지원체계를 마련하고, 사업의 준비, 진행, 평가뿐만 아니라 후속 프로그램을 발굴하고 연계하는 협력 시스템을 갖추는 것은 향후 과제로 남아 있습니다.

표 12. 해유의 탄소중립교육 성과

연도 / 기관	
학교	
2022	대전석봉초등학교, 용정초등학교, 금산동중학교, 대전대청중학교 환경동아리, 신탄진고등학교, 대전여자고등학교(교사), 옥천고등학교 학교협동조합, 인제대학교, 충남대학교 정치외교학과, 국립한밭대학교 교육혁신단
2023	대전성모초등학교, 신탄진초등학교, 감물초등학교 학교협동조합(괴산군), 신탄진고등학교, 대전과학기술대학교, 제주대학교 언론홍보학과, 충남대학교(글로벌 SDGs 탄소중립 실천포럼), 충북대학교 스마트생태산업융합학 대학원, 대전 가정교사 연수회
교육 · 돌봄기관	
2022	담쟁이어린이집, 섬나의집지역아동센터, 영일지역아동센터, 충청북도교육청 환경교육센터, 칠갑산생태교육센터(청양군, 주민자치회 리더 탄소중립 교육), 충남당진시민대학
2023	대구환경교육센터, 대전광역시 환경교육센터, (사)환경교육센터, 칠갑산생태교육센터(청양군, 읍·면 주민자치 환경리더 양성교육)
지자체 · 공공기관	
2021	대덕구청(대전시, 대덕구 혁신로드 투어), 유성구청(대전시, 사회적경제아카데미), 백령종합사회복지관(인천시), 대전광역시 사회혁신센터(2021 사회혁신 국제 컨퍼런스, 사회혁신 활동가 워크숍), 대전녹색환경지원센터(대전 탄소중립 미래기술 포럼), 대전과학산업진흥원(플라스틱 순환도시 대전기획단)
2022	공주시장애인종합복지관, 법동종합사회복지관(대전시), 대전시 서구 마을공동체 지원센터(주민자치회 워크숍), 충남사회적경제지원센터(충남사회혁신X사회적경제포럼), 대덕문화관광재단, 제주에너지공사 기획관리팀

2023	강남구청(서울시), 노원구청(서울시), 계룡시종합사회복지관, 공주기독교종합사회복지관, 동산사회복지관(익산시), 정림종합사회복지관(대전시), 종촌종합복지센터 종합사회복지관(세종시), 광주녹색환경지원센터, 대전일자리지원센터, 대전청년내일센터, 영암군에너지센터, 홍성군자원봉사센터, 대전일자리경제진흥원(사회적경제기업 판로지원 사업-넷제로 라이프스타일 체험단), 한국환경연구원
마을공동체 · 사회적경제기업	
2021	기성동 주민 견학(대전시)
2022	성남동 마을계획단(대전시), 중구특공대(대전시), 지산마을주민협의회(광주시), 초록누리협동조합(장수군), 춘천에너지카페 사과나무, (주)평화가익는부엌 보리와밀
2023	만년동 주민자치회(대전시), 반곡동 주민자치회(세종시), 법1동 주민자치회(대전시), 우리다함 사회적협동조합(전주시), 화성시민재생에너지발전협동조합
기타(연합조직 등)	
2021	대전에너지전환네트워크(한 · EU 지역에너지전환 국제컨퍼런스), 경기도 과천시의회(의원단 견학), 국회 산업통상자원중소벤처기업위원회(위원장 방문), 노무현재단 대전세종충남지역위원회 (기후위기학교)
2022	서구마을네트워크(대전시), 수완에너지전환마을네트워크(광주시), 충청남도 지속가능발전협의회 참여자치분과, (사)한국응용생태공학회, 한국환경사회학회
2023	울산기후 · 환경네트워크, 전국시민발전협동조합연합회, 화성시 지속가능발전협의회, 환경부 탄소중립 국민참여단

학교뿐만 아니라 다양한 기관·단체를 대상으로 미호동 마을과 해유의 에너지전환 및 넷제로 실천 사례를 공유하고 있다.

에너지전환해유 사회적협동조합 창립총회 (2020년 4월 27일)

법동 에너지카페는 2020년 4월 27일 해유의 창립총회가 열린 곳입니다. 지역에서 오랫동안 기후위기 대응 활동과 에너지전환 운동을 해온 대전충남녹색연합과 신재생에너지 융복합사업 등 재생에너지 보급에 앞장서 온 신성이앤에스(주)의 구성원이 힘을 모아 해유를 창립하고, 지역을 중심으로 한 에너지전환의 꿈을 시작한 곳이라 할 수 있습니다.

법동 에너지카페는 대전충남녹색연합과 대덕구가 민·관 컨소시엄을 구성해 한국에너지공단 지원사업에 참여하여 조성하고 운영한 '마을 에너지센터'입니다. 새로 건물을 짓지 않고 주민들의 거주지와 가까운 카페(대전시 대덕구 법동 '그리고 브런치 카페') 공간에 넷제로 콘텐츠를 채워 2019년 6월 4일 개소했습니다. 타 지역의 광역형 에너지카페와 달리 규모가 작고 가까운 거리에 있기 때문에, 주민들이 편하게 모임이나 회의, 소규모 교육 등을 진행하면서 기후위기와 에너지전환, 탄소중립 실천에 관한 정보를 얻고 소통할 수 있는 장점이 있습니다. 법동 에너지카페의 실천적인 운영 사례는 이후 대전시 대덕구의 에너지자치 정책의 핵심 과제로 추진된 '대덕 에너지카페'의 확산으로 이어졌습니다.

"미세먼지를 배출하는 화력발전과 안전하지 않은 원자력 발전 대신 태양광과 풍력 같은 재생에너지전환에 관심이 많았어요. 앞으로 대덕 에너지카페에서 정보도 얻고, 같은 생각을 가진 주민들과 이야기도 나누고 싶어요." (중리동 주민)

"대덕 에너지카페는 지역의 재생에너지 확산과 절전을 위한 주민 플랫폼이 될 것입니다. 대전 시민들이 에너지를 생산하고 소비하는 '에너지 프로슈머'가 됐으면 좋겠습니다."
(김은정 대전충남녹색연합 前상임대표)

[출처] 대전 대덕구 법동에 전국 최초 '대덕에너지카페'(2019년 6월 4일) / 굿모닝충청

에너지 프로슈머

에너지 생산자와 소비자의 합성어로 에너지 소비자가 태양광, 풍력 설비 등을 통해 소비 전력 생산에 직접 참여하는 것을 의미한다.

해유는 법동 에너지카페가 복합적인 역할을 하는 지역의 에너지센터이자 누구나 활용하고 연계할 수 있는 주민들의 공간이 될 수 있도록, 2020년 카페 한쪽에 갤러리를 마련하고 교육,

법동넷제로공판장 (2021년 12월 22일 법동 에너지카페에 개소)

소모임, 전시회 등 다양한 프로그램을 진행했습니다. 갤러리는 시민 공모로 이름을 정했는데 미래를 뜻하는 '내일'과 현재의 기후위기를 '나의 일'로 인식하고, 직접 행동해야 한다는 의미를 담고 있습니다. 법동 에너지카페는 갤러리 '내일' 개관 기념으로 지구의 날에 '못찾겠다 맹꽁이' 사진 전시회를 진행하고, 코로나19 팬데믹으로 모임 활동이 어려웠을 때에도 '코로나블루 날리고 지구 살리는 바느질&수다'를 진행하며 큰 호응을 얻었습니다. 면 마스크, 양말목 텀블러 주머니, 마 수세미 등 생활에 필요한 제로웨이스트 물품을 직접 만들며 기후위기와 에너지 전환에 관한 이야기를 나누고 채식 실천을 함께했습니다.

"저는 지역 간에도 에너지전환 관련 교류와 협력이 필요하다고 생각합니다. 노하우를 퍼주고 전달하고 서로 잘 되도록 도와야 합니다. 에너지카페 개소 후 30군데가 넘는 곳에서 벤치마킹을 하러 이곳을 찾아왔는데, 어떤 분들은 작고 보잘 것 없다고 실망하고 가시고, 어떤 분들은 운영의 가치와 활용도를 보고 벤치마킹을 한 곳도 있습니다. 자료 요청하는 곳들이 있으면 관련 자료를 싹 다 챙겨서 드려요."

- 광주사회혁신플랫폼 견학 당시, 양흥모 해유 이사장 강의내용 중에서

표 13. 법동넷제로공판장(에너지카페) 프로그램

연도	프로그램	세부내용
2020	'못찾겠다 맹꽁이' 사진전	지구의 날 50주년 기념 특별 전시
	재생에너지 사진전	재생에너지 인식 전환을 위한 사진 (한국에너지공단 공모전 수상작) 전시와 홍보
	코로나블루 날리고 지구 살리는 바느질&수다	제로웨이스트 물품 만들기, 기후위기와 에너지전환, 채식 이야기
	대덕구 넷제로 지킴이 교육	기후위기와 에너지전환 교육
	전환로컬 청년기행	대덕구 에너지 정책과 제도 소개, 지역사회의 에너지전환
	광주사회혁신플랫폼 견학	에너지전환마을 디자인 주민교육
2022	'ㅈㅈㅅㅎ' 북토크	제주 바다와 산호, 기후위기 이야기
	한걸음 프로젝트 '탄소중립을 향하여 손들다!'	수요일은 콩으로! 냠냠채식, 목요일은 손으로! 사부작 제로웨이스트
	대덕 넷제로 가득 화룡점정	비건 소셜다이닝

'ㅈㅈㅅㅎ' 북토크, 녹색연합 해양생태팀 신주희 활동가와 윤상훈 전문위원이 법동넷제로공판장에서 대전 시민들과 기후변화로 위기에 처한 제주 바다와 산호 이야기를 나누고 있다.

　　대전 시내에서 주민들의 사랑방이자 넷제로 라이프스타일 확산, 에너지전환 플랫폼으로 다양한 역할을 해오던 법동 에너지카페는 2021년 12월 22일 넷제로공판장으로 기능을 확장하며 다시 태어났습니다. 법동넷제로공판장은 관저동넷제로공판장(2021년 12월 10일 개소, 사회적협동조합 에너지자립마을 운영)과 함께 도시 외곽에 있는 넷제로공판장의 접근성 문제를 보완하고 시민들이 가까운 곳에서 다양한 넷제로 상품들을 눈으로 확인하고 구매할 수 있는 공간이 되었습니다. 개장 후 2022년에는 대덕구 커뮤니티키친 지원사업을 통해 로컬푸드와 비건 음식 체험을 결합한 마을부엌 '대덕 넷제로 가득 화룡점정'과 한걸음 프로젝트 '탄소중립을 향하여 손들다!'와 같은 다회차 프로그램, 제주의 바다와 산호 이야기를 담은 'ㅈㅈㅅㅎ' 북토크를 진행하며 더욱 풍성한 주제와 내용으로 시민들을 만날 수 있었습니다.

법동넷제로공판장은 운영에 어려움을 겪다 2023년에 안타깝게 문을 닫았지만, 법동에서 지역 주민들과 함께했던 경험은 해유가 미호동에서 에너지전환과 에너지자치를 실현하는 성과로 이어지고 있습니다. 해유는 지역사회에 에너지카페와 넷제로공판장과 같은 플랫폼이 뿌리를 내리고 좀 더 많은 시민들이 탄소중립 실천에 동참할 수 있도록 꾸준히 역할을 해 나갈 계획입니다. '넷제로 마을을 파는 것'은 해유가 사업을 하는 목적이자 꿈이니까요.

넷제로 사람들
미호,
관계를 맺다

1 | 에너지전환마을 괜찮은가요

무슨 사업을 하더라도 환경과 기술, 사람 사이에서 벗어날 수 없습니다. 새로운 일도 지금의 일을 좀 더 나은 방향으로 개선하는 일도 사람과 사람, 환경과 사람, 기술과 사람 사이에서 이루어집니다. 미호동에너지전환마을도 남들이 부러워할 만한 자연환경과 재생에너지 기술 지원이 있었지만, 결국 사람들이 만나서 하는 일이었습니다.

미호동에너지전환마을을 향해 함께 가는 활동가와 주민들은 서로가 없었으면 안 됐을 거라고, 활동가는 주민을, 주민은 활동가를 칭찬하면서 많은 사업들 중에서도 특히 주민학교와 넷제로장터를 가장 중요한 사업으로 손꼽습니다. 방식은 달라졌지만 첫해부터 끊이지 않고 계속되는 주민학교와 넷제로장터는 올해로 벌써 4년째입니다. 그만큼 모두의 애정이 담겨 있는 사업이고 미호동에너지전환마을을 만드는 깊은 에너지이기도 합니다. 바로 이 사업들이 무엇보다 마을 전체의 주민들을 연결해 주고, 너무 오래돼서 잊고 있던, 딸이기 때문에 못했던 말, 부모가 되어서는 자식들 때문에 표현하기 어려웠던 자신들의 욕망과 필요를 드러낼 수 있게 해 주었기 때문입니다. 이러는 사이에 "단물만 쏙 빼먹고 갈 것 같다.", "젊은것들이 지랄하는 것 같다."는 소리를 들었던 해유가 어느새 "엄마, 공판장에서 오셨네~" 하는 인사를 들으면서 점점 마을살이에 끼어들기 시작했습니다. 주민들이 틈을 내주고 마을의 대소사에 이들을 초대합니다. 물론 드라마 같은 갈등과 고통이 왜 없었겠습니까. 이때마다 해유는 '기후변화 때문에 마을이 바뀔 수밖에 없다', '마을이 활력을 얻으려면 이 사업을 해야 된다'고 설득하기 이전에 주민들의 말씀에 귀 기울이며 주민들을 기다렸습니다. 그리고 그 사이에는 해유의 진심을 믿어줬던 두 분 통장님들이 있었습니다. 그러다 보니 이제 탄소배출, 넷제로, 제로웨이스트라는 어려운 단어들이 70대 주민들 입에서도 술술 나옵니다.

미호동에너지전환마을을 다녀간 사람들이 다른 에너지전환마을 사업이나 공동체사업과 미호동에너지전환마을이 다르다고 하는 이유도 바로 여기에 있습니다. 넷제로공판장 장사가 잘 안 되는 것 같다고 후원금을 보내주시고, 집에 있는 된장, 간장도 팔아보라고 가져다주시는 마음과 같이 해유는 마을이, 마을은 해유가 서로가 잘되었으면 하는 바람이 있기 때문입니다. 이들의 꿈은 마을주민들과 해유 활동가들이 어울려 세상에 없는 미호동에너지전환마을을 만들어가는 일입니다. 그래서인지 앞

패시브하우스

패시브하우스(passive house)
는 '수동적인 집'이라는 뜻으
로 환기를 통해 들어오는 외
부 공기를 적절히 식히거나
데우는 것으로 냉난방을 해결
함으로서 환경친화적인 생활
을 할 수 있도록 지은 집(건물)
을 말한다.

으로 계획하는 일들도 먹거리, 예술, 패시브하우스, 재생에너
지, 주민학교 등 모두 마을을 향해 있습니다.

　오늘도 해유는 마을을 한 바퀴 돌며 주민들과 물가의 맹꽁
이, 오디나무의 꿀벌들과 반갑게 인사를 나누고 마을에서 무슨
일을 할지 궁리를 하고 있을 겁니다.

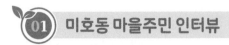
참석자 : 차선도(미호동복지위원회 위원장, 미호동 기후에너지위원회 위원장)

김재광(미호동복지위원회 부위원장, 미호동 기후에너지위원회 부위원장,

호반레스트랑 운영)

진　행 : 이무열

Q　2022년에, 처음 '넷제로공판장'이나 '에너지자립마을' 제안을 받고 어떤 생각이 드셨나요?

김재광　처음에 신성이앤에스하고 양홍모 이사장을 함께 만났어요. 그때는 태양광에너지 관련 이야기를 나누다가 미호동 공판장 이야기가 나왔어요. 그래서 차선도 복지위원회 위원장님과 부위원장인 제가 상의해서 2층이 비어 있고 1층 일부를 매점처럼 쓰던 공판장을 새롭게 사용하면 마을에도 도움도 되고 공간 활용도 더 낫지 않을까 그런 생각을 했죠.

차선도　개인적으로는 굉장히 좋았어요. '정다운마을쉼터'라고 이름을 짓고 처음에 공판장 1층에 매점을 열고 2층에는 도서관을 만들었어요. 그리고 방과 후 돌봄도 해 보려 했고, 영어 회화 강습 같은 것도 해 보려고 했는데 진행은 못했어요. 그나마 동네 주민들한테 필요한 생필품이랑 소화제나 감기약 등을 갖다 놓고 조금이라도 돈을 벌면 동네에 조금 도움이 되겠다는 취지에서 1층 편의점을 동네에서 운영을 했는데 처음에는 운영할 사람이 없어서 담당을 나눠서 2년을 해 보고, 도저히 이렇게는 할 수가 없으니까 동네 사람한테 운영을 맡겼어요. 그랬는데 그것도 어려웠어요. 그런데 마침 해유에서 그런 걸 해보겠다고 얘기를 하더라고요. 그래서 전문가들한테 도움을 받으면 좋겠다는 게 첫 번째 내가 좋게 생각한 거고, 또 한 가지는 기후위기 테마 운영을 한다는 것이 딱 마음에 들었어요. 어떤 테마를 가져야 외부에 알리기도 좋고 동네 이미지도 좋아질 테니까요. '해유는 전문가니까 아이디어를 내면 그것을 우리가 돕기만 하면 될 것 같다.' 이런 생각이 들어서 나는 환영했어요.

다만 해유에 대한 걱정은 '이 사람들이 와서 뭐를 하려고 하나, 자기네들한테 득도 없는데…'하는 거였어요. 더군다나 내가 "임대료도 내야 된다. 얼마 줘~~." 그랬거든요. 무리하게 부탁을 했었죠.

Q   해유가 사용하기 전에는 마을공동시설 '정다운쉼터'로 사용되던 건물이 '넷제로공판장'으로 바뀔 때 마을주민들은 어떻게 생각하셨나요?

김재광 처음에 주민들과 마을 회의를 통해서 해유하고 이렇게 하겠다 그랬을 때 걱정했던 부분이 '대덕구청에서 마을주민들 쓰라고 공동이용시설로 사용 승낙을 해준 건데, 임대해 주면 마을 사람들은 소외되는 거 아니냐.'하는 거였어요. 특히 어르신들이 마을에 이득도 없고 소외되고 그런 걱정이 있으셨죠. 그리고 1층에 매점이 들어선 이유가 마을에 슈퍼가 없으니까 어르신들이 신탄진까지 나가기도 어렵고 갑자기 뭐라도 사고 싶을 때 살 수 있는 공간이 있으면 좋겠다고 해서 1층에 농산물 직판장 겸 매점을 열었는데, 혹시 주민들이 필요로 하는 소매품 살 곳이 없어지면 주민들이 불편하지 않을까, 처음엔 이런 걱정이 많았어요.

지금은 마을학교나 행사에 많이 참여하고 하시니까 궁금증이 좀 해소됐는데, 초반에는 예전에 매점으로 뭐라도 팔아서 돈이 되는 것 같던데 그런 것도 없고 그렇다고 마을에 농산물이 많아서 농산물을 파는 것도 아니고 그래서 마을 주민들이 '저기는 어디서 돈 대주는 거요, 운영비를?', '뭘로 돈 벌어?' '그리고 마을에다 또 임대료도 낸다고 하는데 저기는 뭘로 돈 벌어?' '저렇게 하다가 몇 년 있다 문 닫는 거 아니여?' 그런 말씀들을 하셨죠.

차선도 마을주민들이 늘 필요하다고 생각했던 담배라든지 이런 것도 없었지, 생필품 필요한 것도 안 팔지, 갖다 놓고 파는 거 보니까 지구를 뭐 어쩐다는 둥 뭐 엉뚱한 소리나 하고, 태양광이 도움을 주는 것 같기도 했지만 처음에 들어왔을 때는 이상한 사람들이 들어와서 홀랑 뺏어 가는 것 아니냐 그랬었어요. 걱정을 했고 어려움도 있기는 했지만 내가 마음을 놓았던 것은 결정을 한 뒤에 대덕구청하고 신성이앤에스, 해유, 대전충남녹색연합이랑 MOU 체결을 하면서였습니다. 그러다가 마을학교도 하고 견학도 하면서 마을에 생동감이 돌기 시작했어요.

Q 상수원보호구역으로 개발이 제한된 미호동이 에너지전환마을 사업으로 달라진 점이 있나요?

차선도 시골 동네에서는 사는 게 만날 밥 먹으면 나가서 일하고 들어오면 자고, 또 밥 먹으면 나가서 일하다가 들어오면 자고 특별히 문화생활도 없고 도시 사람들하고는 다르잖아요. 이런 생활에서 마을학교를 하면서 특별한 경험을 좀 했지요. 주민들이 교류하면서 새로운 것들을 접하게 됐고, 기후변화니 지구 온도 1.5℃가 뭐 어쩌니 처음에 이상한 소리로 들리던 게 그게 좀 이해가 되고, 들어보니까 그럴듯해서 지켜야 되겠구나, 이런 생각도 했어요. 지금은 행동으로 옮기는 계기도 되면서…. 특히 마을학교를 통해서 견학도 가면서 재미도 있고, 예전에 마을 관광은 어디 가서 맛있는 거 먹고 오는 게 전부인데 넷제로공판장에서 가는 견학은 관광이 아니고 견학이니까 기본 테마부터 다르고 목적도 다르고, 거기에 관광까지 하니까 동네에서 가는 관광보다 재미도 있더라고요. 또 임대료라고 주니까 돈도 들어오네…? 그러면서 김 통장하고 나하고는 얼굴이 어느 정도 폈지요. 특히 여자분들이 더 좋아하더라고요. 처음 교육할 때 연극도 했고 인형극도 했지요. 또 오픈할 때는 합창단 공연도 했어요. 역시 여자분들이 활기를 찾으면 어디나 동네는 활기를 좀 찾게 돼 있어요.

김재광 원주민들 연령이 다 저희 부모님 세대이거든요. 그렇다 보니까 마을에 농사짓기에는 조금 힘이 부치고, 그렇다고 어디 나가서 활동하기도 어렵고, 그러니까 동네 경로당에서 같이 밥 먹고 시간 나면 재미 삼아 화투 치고 저녁때 되면 집에 가시고…. 거의 일상이 반복적으로 똑같이 흘러가는 거였죠. 그러다가 해유에서 넷제로장터를 시작하면서 혹시라도 연세 드신 분들에게 같이 하자고 하면 귀찮아하지 않을까 처음에 저 혼자 걱정도 했죠. 그런데 막상 해 보니까 너무 재미있어 하시는 거예요. 집에 있던 도토리 가루 빻아다가 도토리묵도 쒀 오고, 쑥개떡도 해 오고, 힘드시지 않냐고 여쭤보니까 재미있다고 그러시더라고요. "내가 뭐 이거 가지고 그 몇 만 원 벌려고 하겠냐." "그냥 동네 사람들하고 어울리고 막걸리도 마시고 하루 그냥 몇 시간 재미있게 놀다 온다고 생각한다." 그래요. 어르신들이 동네에 이벤트가 생기는 거를 되게 좋아하시는 것 같더라고요. 또 태양광 같은 신재생에너지를 설치하니까 경제적으로 이득을 보잖아요. 제가 가정용 설치할 때 경제적으로 도움을 받는 거라고 설득을 했더니 이제는 혼자 사시는 분도 "그럼 한번 해 보지뭐. 큰돈 들어가는 거 아니니까. 해놓으면 또 20년 쓰는 거고…." 그러면서 생각에 변화가 있으신 것 같아요.

차선도 여러 가지로 해유가 오면서 도움을 많이 받았지만 넷제로장터를 벌이면서 사람들이 마을에서 생동감을 느끼기 시작했어요. 소득도 소득이지만 재미있어 했거든요. 그리고 개인적으로는 마이크로그리드 사업이 정말 우리한테 좋았어요. 내가 2014년 처음으로 그린 빌리지사업(에너지관리공단)으로 태양광 신청을 20가구 한다고 할 때 잘하나 못하나 해서 안 한 사람도 있었어요. 그랬는데 나중에 보니까 좋거든요. 해유가 들어와서 도움을 주니까 마이크로그리드 사업도 따올 수가 있었던 거거든요. 그렇지 않고서 어떻게 국가에서 지정하는 마이크로그리드 사업으로 에너지마을을 만들 수가 있겠어요? 전문가가 필요하다는 거, 그리고 또 해유가 있음으로써 이렇게 될 수 있다는 것을 주민들도 느끼고 있어요.

Q 개인적으로 미호동에너지전환마을 사업에서 가장 좋았던 사업이나 기억에 남는 에피소드가 있다면 이야기해 주세요.

차선도 넷제로장터 할 때 MBC 다큐멘터리로 나간 게 있어요. 내가 대전 사는 친구보고 '이런 거 하니까 놀러 와' 그랬더니 부부가 와서, 부인이 장터에 앉아서 김밥을 사 먹었어요. 김밥 파는 곳 앞에서 쪼그리고 앉아서 터진 김밥을 먹고 있으니까 팔던 주민이 "아이고 터진 김밥을 드려서 죄송해요." 그랬어요. 그러니까 친구 부인이 "정상적으로 잘 싼 김밥 같으면 장사를 하지, 동네 장터에서 하는 거니까 터진 게 정상"이라고 말하는 모습이 MBC 방송에 나갔단 말이에요. 터진 김밥을 먹는 게 진짜다 얘기를 하니까 재미있잖아요. 그걸 사람들이 보고 친구 부인한테 "당신 어딘데 거기 가서 그런 걸 먹었냐"고 연락이 왔다는 거야. MBC 방송에 나가면서 미호동이 유명하게 됐고 주민들이 미호동이 정말 아름답다는 거를 방송을 보면서 훨씬 잘 알 수 있었어요. 미호동은 금강 물에 이렇게 둘러싸여 있거든요.

김재광 마을학교를 1년에 한두 번씩 24통, 25통 주민들이 같이 참여해서 내가 몰랐던 걸 교육 받아 알게 되고 같이 견학도 가고 그래요. 전에는 옆에 살아도 야유회는 각자 갔거든요. 24통은 24통대로 25통은 25통대로. 같이 어울릴 기회가 별로 없었는데, 넷제로장터도 같이 하고 견학도 버스 한 대로 같이 가니까 주민들이 어울리게 되잖아요. 그런 게 되게 좋더라고요.

Q 미호동에너지전환마을 사업 4년차 과정을 보면서 어떤 점이 아쉬우세요? 또 앞으로 개선할 일과 필요한 일은 무엇일까요?

김재광 장터도, 마을학교도, 견학도 마을에서 참여하시는 분만 계속 참여하고 관심 없는 분들은 계속 관심이 없는 거예요. 회사를 다니거나 일정이 안 맞는 것도 있지만, 그래도 참여 못 하는 주민들이 잘 알 수 있게 조금 더 알리고 그분들 일정에 맞춰서 다 같이 모일 수 있게 하려고 해요. 특히 50, 60대 남자분들이 관심이 별로 없어요. 태양광을 설치하거나 마이크로그리드 사업 권유를 하면 본인이 알아서 하겠다고 하고, 마을학교에서 강의를 한다거나 견학을 간다 해도 참여가 저조해요. 앞으로 그분들도 함께할 수 있는 사업을 발굴하면 좋겠어요.

차선도 우리가 태양광 사업을 처음 할 때 대청댐 주차장 위를 태양광 패널로 조성을 할까 하고 계획한 적이 있어요. 잘 안됐지요. 요전에 보령댐에 견학 가서 보니까 대청댐은 거기보다 훨씬 크게 할 수 있을 거라고 하더라고요. 그래서 한번 추진을 해보자 했죠. 하루아침에 되지는 않겠지만요. 공유수면에 하면 태양광으로 전기를 생산해서 여기 다 쓰고 남는 건 다른 마을까지 공급할 수 있고. 우리가 주차장에다가 하려고 했던 것은 이루지 못했지만, 공유수면에다 한다면 더없이 좋죠. 그걸 한번 해 보고 싶은 생각은 있어요.

김재광 미호동이 농지가 많다 보니까 금강유역환경청에서 사들이는 매수 토지 면적이 좀 많아요. 지금은 생태마당 2호, 3호 생태공원을 조성해 놨는데 매수 토지가 대부분 듬성듬성 나무만 심어 놓고 1년에 한두 번 풀 깎고 끝이거든요. 그래서 올해 꿀벌식당 하는 것처럼 밀원수 위주로 가꾸고 환경을 오염시키지 않는 범위 내에서 매수 토지를 활용해서 주민들이나 여기 찾아오는 시민들도 같이 체험을 하거나 느낄 수 있게 중장기적으로 하고 싶어요. 우리는 해유라는 소중한 자산이 있으니까 같이 해 볼 수 있지요.

차선도 지금 우리가 이 꿀벌식당을 하는 것처럼 앞으로도 아이디어를 내서 환경청 땅을 우리가 사용할 수 있는 방법을 강구해야 돼요. 거기다 꽃을 심든지, 예를 들어서 어린이들을 놀게 한다든지 여러 가지 방식으로 그 환경청 땅을 사용해야 해요. 환경청에서 오케이 할 수 있는 걸 우리가 찾아야 돼요.

Q 지금 다른 지역에서도 에너지전환마을(탄소중립)과 공동체 활성화
사업이 진행되고 있는데요, 미호동에너지전환마을 사업 경험 중에
서 다른 지역 사업기관이나 담당자들이 참고할 만한 내용이 있다
면 소개해 주세요.

김재광 미호동에서 해유랑 사업을 한 지 한 4년 정도 됐는데, 저는 어느 정
도 마을주민들 간에 화합과 마을에 활력을 성공적으로 이뤄냈다고
생각해요. 주민들이 자발적으로 하면 좋지만 처음에는 이게 어려
울 수 있잖아요. 어떻게 주민들에게 참여하고 싶은 욕구를 이끌어
내고, 과정에서 얻는 성과도 공유하고 그런 게 중요한 것 같아요. 1
년 2년 하면서 성과가 생기기 시작하면 적극적으로 주민들하고 공
유해서 '우리가 이렇게 해서 달라지고 있습니다. 과거에는 이랬는
데 변하고 있습니다.' 하고 알려서, 주민들과 계속 소통하는 게 가
장 중요한 요소라고 생각합니다.

차선도 전에 무슨 맹꽁이 좋아하시는 분이 오시기도 했는데, 다양한 전문
가 분들이 우리가 생각할 수 없는 좋은 아이디어를 제공해 주시면
좋겠다는 생각이에요. 다른 지역에서도 전문적인 분들하고 연결이
돼있지 않으면 마을을 살리기가 어렵다고 생각해요. 특히 아이디
어 부분에서 많이 부족하고, 마을주민들로만 마을사업을 운영하는
것은 한계가 있다는 생각이 듭니다. 우리가 해유하고 같이 일하는
것처럼 주민들과 유대관계를 만들면서 전문가들 도움을 받아야 마
을이 발전할 수 있어요. 특히 외부 사람들을 견학을 시킨다든지 외
부에서 많은 사람들을 찾아오게 하기 위해서는 특별하게 해야 돼

요. 또 주민들이 호응을 안 해주면 어렵고 이상하게 꼬일 수가 있는데, 마을학교가 굉장히 주효했다고 볼 수가 있어요. 그걸 하면서 교류를 시작했고 견학하면서 가까워졌고요. 이렇게 해서 친해지면 의견들을 내기 시작을 할 거예요. 그러면서 연결이 되는 거죠. 다른 지역에서도 이렇게 해야 돼요. 그걸 안 하면 안 돼요. 주민들하고 이렇게 가까워지는 계기를 계속 마련해야 돼요. 우리 미호동에서도 한번 좀 더 아이디어를 냈으면 좋겠어요. 몸으로 부딪치면서 할 수 있는 일이 있으면 좋은데 뭐가 있을지 잘 모르겠어요.

02 에너지전환해유 사회적협동조합 전/현직 활동가 인터뷰

참석자 : 송순옥(전 넷제로공판장 매니저, 기후정의 활동가)
　　　　　신대철(전 에너지전환해유 사회적협동조합 사무국장, 신성이앤에스(주) 팀장)
　　　　　남은순(에너지전환해유 사회적협동조합 사무국장)
　　　　　고지현(에너지전환해유 사회적협동조합 팀장)
진　행 : 이무열

Q　　미호동에너지전환마을 사업 활동가들을 모셨습니다. 각자 자기소
　　　개를 부탁드립니다.

송순옥　넷제로공판장을 처음 시작할 때부터 함께 기획하고 어느 정도 안
　　　착이 될 때까지 일했던 1대 미호지기입니다. 넷제로공판장 매니저
　　　로 공판장을 기획하는 일과 마을주민들과 소통하고, 탄소중립 교
　　　육활동을 했습니다. 지금은 프리워커로 일하는데, 기후정의 활동
　　　가로 일하고 있습니다. 구체적으로는 탄소 잡는 채식 생활 네트워
　　　크(줄여서 탄잡채)라고, 비거니즘 동물권과 기후 운동을 하는 친구들
　　　과 함께 극단도 운영하고, '스위터링_V'라고 하는 비건 케이터링 팀
　　　도 이끌고 있습니다.

남은순　에너지전환해유 사무국장이면서 넷제로공판장 매니저입니다. 해
　　　유에서 일하기 직전에는 대덕구공동체지원센터 사회적경제팀장으
　　　로 사회적경제 활동을 지원하는 역할을 했습니다.

고지현　저는 해유 입사 전에는 대전충남녹색연합이라는 지역 환경단체에
　　　서 10년 정도 활동했고, 지금은 해유에서 에너지전환팀장으로 햇

빛발전, 에너지전환 관련 사업을 담당하고 한편으로 교육기획 등을 하고 있습니다.

신대철 저는 에너지전환해유 사회적협동조합을 창립하는 과정에서 실무 업무를 시작으로 사무국장으로서 주로 해유의 전반적인 법인 업무를 비롯해 사업의 기획과 진행 등의 활동을 했습니다. 지금은 해유를 함께 만들었던 에너지기업인 신성이앤에스에서 신재생에너지 보급과 관련한 신사업 기획 등의 업무를 하고 있습니다.

Q '미호동에너지전환마을 사업'으로 미호동마을이 달라진 점이 무엇이라고 생각하세요?

송순옥 미호동이 달라진 건지는 잘 모르겠는데 미호동 마을주민과 외부인이었던 해유의 관계가 달라진 건 확실한 것 같아요. 처음에 공판장을 열려고 했을 때 마을주민들은 의외로 좀 적대적이었어요. 외부인들이 와서 단물만 빼먹고 쑥 나갈 것 같기도 하고, 그리고 이 공간이 마을 소유의 공간이었는데, 그곳에서 외지인이 뭔가를 시작하는데 일회용품도 안 쓴다고 하고, 그동안 있던 물건도 다 빼고…. 주민들 입장에서는, 라면도 사 먹어야 되고, 담배도 사야 되고, 밀가루도 사야 되는데, 콜라도 없대….

우리가 처음에 여기 들어올 때 주민디자인학교를 설계했는데 첫 주민학교가 그분들한테 너무 충격이었던 거예요. 도시에서는 그게 아무렇지도 않고 친교를 다지는 시간이었는데, 이 분들에게는 불편하셨던 것 같아요. 그런 마음들이 넷제로장터를 시작하면서 조금 많이 풀리셨던 것 같아요. 마을에서 뭔가 해볼 수 있겠다는 희망도 좀 생기고…. 이 공간에 내가 쓸 물건은 별로 없는 것 같지만 마당에서 내가 할 일이 있고, 내 농산물을 누군가가 사줄 수 있다는 거에 기대가 컸어요. 한편으로는 주민학교를 열심히 들었던 분들은 왜 이 공간이 필요한지 이해하고, 나아가 마을을 위해서 존재할 거라는 기대치를 좀 갖고 계셨어요. 넷제로공판장하고 내가 뭔가를 같이 해볼 수 있겠다….

저는 넷제로공판장이 마을주민들과 접점이 돼서 소통이 일어나면서 우리가 뭔가를 할 수 있었다고 생각해요. 그러면서 미호동이 에너지전환마을로 가고 있는데, 그 변화가 마을주민들이 해유를 믿지 않으면 일어날 수 없는 일이라고 생각하거든요. 그만큼 신뢰가 쌓여 가고 있는 게 아닌가 해요.

고지현 순옥 님이 말씀하신 그 신뢰 관계가 작년부터 더 급속하게 진전됐다고 생각해요. 마을학교가 조금 더 마을주민들한테 친숙하게 다가갈 수 있는 계기가 됐는데, 그 이유는 그동안 했던 마을학교랑 다르게 마을주민들과 밥도 먹고 마을 어르신들 눈높이에 맞춘 교육을 하면서 이분들과 신뢰관계가 많이 쌓인 것 같아요.

그리고 마을주민들이 마을 공판장을 해유의 공간이라고 생각하지 않고 주민들 자신의 공간이라고 생각하면서, 마을주민들이 자기의 개인 업무나 누구를 만날 일이 있거나 하면 공판장으로 와서 커피도 마시고 '우리 공판장'이라고 얘기하면서 이 공간을 활용하고 있어요. 그전에는 해유만의 공간이나, 교육받는 곳으로 생각하다가 말이죠. 이 공간을 해유뿐만 아니라 마을주민들도 같이 활용하고 있다는 생각이 들어요.

신대철 순옥 님과 지현 님이 말씀하신 것처럼 가장 큰 변화는 해유와 미호동 주민과의 관계인 것 같아요. 넷제로공판장을 만들기 이전에 주민과 소통을 하기 위해 마을학교도 열고 회의도 하면서 충분하다고 생각했는데, 그렇지 않았던 것 같아요. 그런데 공판장이 만들어지고 첫 공판장 운영위원회 때였던 것 같은데, 운영위원회 회의 때는 주민들 사이에서 안 좋은 이야기도 나오고 분위기도 안 좋았어요. 그런데 회의가 다 끝나고 공판장 1층에서 맥주 마시는 뒤풀이 시간이 오히려 오해도 많이 해소할 수 있는 시간이 되었어요. 정해진 회의나 교육보다는 가벼운 술 한 잔이 더 도움이 되었던 것 같네요.

송순옥 원래 넷제로공판장 공간이 제대로 사용되지 않는 공간이었거든요. 그런데 해유가 와서 리모델링하고 나니까 오히려 예쁘긴 한데 "젊은것들이 지랄하는 것 같아."라고도 하셨어요. 그런데 넷제로장터를 열면서 어르신들이 자기 농산물을 넷제로공판장에 어울리게 예쁘게 진열하려고 하는 그런 마음들이 생겼어요. 마을로 봤을 때도 이 공간의 새로운 변화가 마을을 좀 환하게 만들고 지나가는 사람들도 이 마을을 조금 더 예쁘고 소중하게 생각할 수 있게 해주지 않았을까 싶어요.

남은순 제가 해유에 들어와서 가장 자주 했던 말이 "해유는 어르신들을, 주민들을 정말 잘 만났다."는 건데, 이 얘기를 이사장님한테도 여러 차례 했고, 해유 식구들한테도 많이 했습니다. 제가 초창기 힘든 모습을 본 사람은 아니지만 그전에도 마을 활동 경험은 있어요. 어느 마을에서건 기존 주민들과 외지인들이 관계 맺는다는 건 쉽지 않은 일이고, 마을을 위한 활동을 한다고 해도 어느 한 부분이 잘못되면 금방 외면 받아요. 서로 상처를 입게 되고, 특히 어르신들과 이제 막 들어온 사람들 사이에 갈등이 봉합되지 못하고 점점 멀어지는 일이 많아요. 그런데 여기에서는 정말 긴 시간이 아니에요. 정말 짧은 시간에 많은 신뢰를 쌓고 그렇게 할 수 있는 건 활동가들이 노력한다고 되는 게 아니거든요. 우선 주민들께서 좋은 품성과 열린 마음이 있기 때문에 가능했다고 봐요. 그래서 이런 어르신들을 만난 것 자체가 정말 큰 행운이고, 특히 차선도 위원장님처럼 누가 만나더라도 젊은 사람들도 존경할 만한 어르신들이 이 동네에 계시는 것, 김재광 통장님처럼 적극적이고 든든한 주민들이 계시는 건 해유에게 진짜 큰 행운이라는 생각을 했어요.

송순옥 초기 짧은 기간 동안 굉장히 강력한 긴장관계가 있었어요. 어느 날 제가 버스를 타고 퇴근을 하는데 마을주민끼리 주고받는 말이 예사롭지가 않고 주민들이 잔뜩 화가 나있는 거예요. 그것도 모르고 양홍모이사장이랑 저랑은 굉장히 호의적인 사람들만 계속 만나고 있었어요. 우리한테 호의적이지 않은 사람이 있다는 걸 모르고 오전에 간담회에서 "너희가 들어와서 너무 좋다." "이 공간을 이렇게 꾸몄으면 좋겠고, 공사하기 전에 이렇게 했으면 좋겠고…" 등등의 말을 나누면서 너무 좋게 끝났어요. 그래서 '이만큼 우리가 잘하고 있구나. 엄청 잘하고 있구나.' 했는데, 오후에 다른 주민들이 걸어오는데 걸음걸이가 달라요. 화를 내기 시작하는데 "그동안 했던 거 왜 안 되냐?"고 하시더라고요. 그래서 그날 저녁에 사과를 하면서 "그렇지만 그렇게 할 수는 없습니다." 저희가 제대로 소통 안 한 잘못을 사과했지만, 다시 한번 해유가 넷제로공판장에서 하려고 하는 일들을 설명 드렸어요. 그러면서 냉장고에 있던 모든 술을 다 꺼내서 먹고 약간 풀렸어요.

그러고 나니까 주민들이 '우리가 오해를 했구나. 쟤네가 소통을 안

하려고 한 게 아니었고, 자기들 마음대로 하려고 한 건 아니었구나.' 하고 이해해 주시는 것 같아요. 그러다가 대전 MBC 방송 프로그램으로 나간 게 효과가 컸던 거예요. 방송이 나가고 나서 호반레스토랑에 마을 운영위원들이 다 모였을 때, "전국에서도 괜찮게 보는 공간이면 우리도 여기서 뭔가를 같이 해봐야겠다."면서, 제가 볼 때는 방송이 나가고 난 이후에 조금 더 마음이 열리지 않았나 해요. 그리고 개관식 하고 나서 외부 손님들이 많이 왔어요. 그것도 어른들 눈에는 되게 좋아 보였던 것 같아요.

고지현 마을학교도 그동안에는 (주민들이 원하는 주제이긴 했지만)가르치고 배우게 하는 교육이었다면 최근 마을학교에서는 자기가 삶에서 필요하고 쓸 수 있는 에너지 관련된 정보 등을 알 수 있게 되고, 두 마을(24통, 25통 마을주민들 간)의 친교시간이 되면서 마을학교에 더 많이 오시기도 하고, 그러면서 해유와 신뢰관계가 더 쌓이는 것 같아요.

남은순 주민들이 저희와 함께하는 과정을 좋아하셔서 여러 가지 상의 드려 보면, 결코 재미만 있거나 노는 것 같거나 하는 건 원하지 않으세요. 분명한 효능감을 원하셔서 내가 시간 내어 참여할 때 재미도 있으면서 배움이 되고 얻어 가는 게 있어야 된다고 말씀하세요. 그리고 마을학교 과정 중에서도 특히 수학여행으로 감동을 받으셨어요. 왜냐하면 그전에는 미호동 안골과 숫골 두 마을이 단 한 번도 함께 행사를 하거나 함께 놀러간 적이 없었어요. 마을학교 과정을 통해서 안골과 숫골 주민들이 한 차를 타고 한 곳에 견학을 같이 가서 즐기고 돌아오고, 이렇게 했던 게 처음이었고, 그게 굉장히 감동이었다, 정말 좋았다는 말씀을 많이 하셨어요.

Q   미호동에너지전환마을 사업을 하면서 가장 기억에 남는 주민이나 에피소드를 소개해 주세요.

신대철 미호동 두 통장님이 가장 먼저 생각나는 것 같아요. 해유가 만들어지고 지금의 넷제로공판장 장소를 물색하던 중 만난 두 통장님들이 현재 넷제로공판장으로 바뀐 공간이 제대로 활용되지 못하는 것을 매우 안타까워하셨고, 어떤 방식으로든 변화하기를 바라서 해유의 제안을 열린 마음으로 대해 주셨던 것 같아요. 그 이후로도 주민들에게는 생소할 수 있는 여러 사업이나 활동을 두 통장님께서 적극적으로 받아주시고, 협력해 주신 덕분에 해유 활동이 잘 될 수 있었어요.

송순옥 바로 떠오르네요. 차선도 통장님의 어머니 완득 님은 이 공판장이 잘 되게 하려고 구부러진 허리로 초창기에 물건이 하나도 없을 때 집에 자식들 먹일 된장도 조금만 남기고 가져오시고, 간장, 소금도 가져오시고, 콩도 가져오시고 "이것도 팔아 봐." 하시면서 넷제로공판장을 너무 좋아하셨어요. 95세 완득 님이 당신 생신 때인가 가족들을 다 데리고 오셨어요. '어디 딴 데 가지 말고 넷제로공판장에서 커피를 마셔야 된다'고, 아들, 며느리, 딸, 사위 다 데리고 오셨어요. 너무 감동이었어요. 그리고 완득 님이 물건을 가장 많이 내놓으니까 공판장에서 판매 1위였어요. 그럼 제가 다른 분들은 통장으로 넣어드렸는데 완득 님은 봉투에다 넣어서 직접 갖다 드렸어요. 왜냐하면 그렇게라도 건강도 확인하고 얼굴도 한 번 더 뵈려고. 그러면 너무 좋아하시면서 계속 또 뭐 팔 거 없는지 농산물도 찾아주시고….

고지현 제가 완득 님을 최근에 만났을 때 순옥 님이 말한 것처럼 '내가 먼저 윗사람으로서 넷제로공판장에 물건을 내놔야 다른 사람들도 내놓는다.'는 생각을 갖고 계시더라고요. 그래서 "내가 일부러 물건을 더 많이 갖다 주고 지금은 다른 사람들도 갖다 주니까 내가 안 갖다 준다. 초반에는 내가 일부러 많이 갖다 줬다." 하시더라고요.

저는 또 생각나는 분이 작년에 솔라스터즈로 활동하셨던 서영숙 님이에요. 25통에서 꿀벌을 키우시는 분이신데, 마을학교에도 참석하시고 솔라시스터즈 활동도 하시죠. 저희가 하는 활동들을 다른 주민보다 조금 더 밀접하게 보고 알고 계신 분입니다. 그런데 연말 되니까 장사도 잘 되는 것 같지도 않고, 어디서 지원받아서 운영하는 것도 아니고…. 그래서 "내가 지구를 지키는 해유에게 조금이라도 후원을 해야겠다는 생각을 했다." 하시며 "해유에 후원은 어떻게 하면 돼?"라고 얘기하시면서 후원금을 연말에 보내주셨거든요. 저희가 직접 얘기하지 않았는데 '나라도 기부해서 넷제로공판장이 잘 되고 해유가 잘 됐으면 좋겠다.'라는 생각을 하셨다며 후원해 주신 염숙 님이 기억에 남아요.

송순옥 바로 넷제로공판장 옆집에 영순 님도 있어요. 제가 찾아가서 넷제로장터가 있는데 마늘이고 뭐고 갖고 계신 거 내라고 그랬더니 "내가 가도 되나?" 이러시더라고요. 그런데 영순 님이 첫 번째 장터에서 완판을 하셨어요. 완판하시고 나서 유리잔을 집에서부터 들고 오셨어요. 여기는 일회용품을 안 쓰는 곳이니까 유리잔을 들고 오셔서 "나 오늘 다 팔았으니까 커피 마셔도 돼." 이러면서 판매하신 돈으로 냉커피를 땀 흘리시며 드시는데, 막 눈물이 나더라고요. 그 다음부터 농산물을 엄청 열심히 깔끔하게 손질해서 갖다 주시고 했어요.

남은순 누구의 강낭콩, 누구의 참깨 등등 농산물을 기른 주민의 이름으로 가격표를 적어 두잖아요. 영순 님의 참깨, 영순 님의 흰콩. 영순 님이 가끔 오시면 그것들을 쓰윽 쓰다듬으세요. 내 이름으로 내놓은 농산물을 보고 되게 좋아하셔서요.

송순옥 여기 미호동넷제로공판장이 처음에 "지역 주민의 얼굴이 있는 농산물을 판매하자"가 목표였거든요. 그래서 농산물이 들어왔을 때 그냥 강낭콩이 아니라 '누구의 강낭콩'이라고….

고지현 마을학교 할 때, 마이크로그리드 사업 주관기관인 신성이앤에스에서 앱을 개발했어요. 실시간으로 우리 집의 전기 사용량과 태양광의 발전량을 확인할 수 있는 앱이에요. 구글 앱스토어에 들어가서 위너지라고 검색하고 다운받아서 아이디 비밀번호 넣고 쓰면 되는 건데, 처음에 우리는 "위너지 앱을 다운 받아서 쓰시면 돼요.", "이런 걸 확인할 수 있어요."라고 설명을 드렸죠. 그런데 어르신들하고 식사를 다하고 나서 위너지를 사용하려고 보니까 와이파이 잡는 것부터 해야 됐던 거예요. 스마트폰을 쓰시는 어르신들이 대부분이시긴 한데 3G로 쓰시거나 아니면 집 와이파이는 자동으로 연결되게 설정돼 있으니까 그냥 쓰셨던 거예요. 그런데 식당으로 오니까 와이파이 연결을 할 줄을 모르시는 거예요. 그래서 직원 넷이 각각 테이블에 가서 와이파이 잡는 것부터 구글스토어에 들어가서 다운받는 것들을 하나하나 같이 해 줬던 게, 마을 분들하고 재밌는 에피소드예요.

Q 기후위기와 함께, 마을에 사람이 없는 지방소멸 위기가 심각한 사회문제가 되고 있는 상황에서 미호동에너지전환마을 사업은 어떤 의미가 있고, 앞으로 어떤 기대를 할 수 있을까요?

고지현 제가 느끼기에는 우선은 두 가지인데요. 넷제로장터에서 마을 분들이 자기의 소소한 물건을 팔면서 약간의 활력을 얻으시는 거 하나, 재생에너지가 도심보다는 시골에서 더 확산할 수 있는데 그런 사례를 미호동에서 보여주는 거예요. 특히 마을회관 같은 경우에는 태양열, 태양광, 지열이 설치가 다 되어 있는데, 어르신들이 마을회관을 중심으로 아침부터 저녁까지 같이 모여서 생활하면서 재생에너지를 사용하며 효과를 느끼고 계시더라고요. 그래서 기후위기 시대에 재생에너지를 확산하고 보급하는 데 미호동 같은 마을에서 보여줄 수 있는 것들이 많다고 생각해요.

신대철 미호동은 농촌형 신재생에너지 보급의 가장 보편적이면서도 진화된 모습이라고 생각해요. 정부 주도 보급사업을 통해 미호동과 같은 신재생에너지 설비가 설치되어 있는 마을은 전국에 많이 있는 것으로 압니다. 하지만 미호동은 발전소 설치뿐만 아니라 스스로 관리하고 특히 앱을 활용해 개인의 에너지 생산과 소비 패턴을 확인하면서 좀 더 적극적인 에너지 프로슈머의 모습을 보여주고 있다고 생각해요. 여기에서 더 나아갈 수 있다면, 우선 할 일이 수익 창출형 발전소 구축인 것 같습니다. 마을 공유부지를 활용한 발전소 구축으로 마을 공동의 수익 창출을 통해 마을 에너지전환 사업의 지속가능성을 확보해 갈 수 있지 않을까 생각합니다.

송순옥 기후위기 시대의 가장 큰 문제는 불평등, 그거잖아요. 불평등이 기후위기를 만들어내기도 하고 기후위기가 불평등을 강화하기도 하는데 코로나19 팬데믹 때 그것을 되게 많이 확인할 수 있었던 것 같아요. 지금 재생에너지 경우도 대기업에 의해서 민영화되는 것을 막아낼 수 있는 게 마을 단위 협동조합이라든지 국가 공공성을 강화한 재생에너지로 가는 것인데, 지금 여기 미호동 에너지전환마을은 마을 안에서 그런 것들을 하고 있는 거잖아요. 에너지 불평등을 막아낼 수 있는 최전선에 저는 해유가 있다고 생각합니다. 마을 공공성을 강화하면서도 민영화에 빼앗기지 않으면서 에너지전환마을을 꿈꾸는…. 또 하나는 이곳에서 농사를 짓는 분들이 소농의 건강성과 소농이 기후위기에 대응할 수 있는 큰 저력에 대해서 잘 모르고 계셨어요. 그래서 '농사 이거 조금 짓는 거 갖고 뭘 하나?' 생각했는데, 초창기에 마을에 들어와서 그런 이야기를 나누면서 소농이 지구를 위해서, 다른 생명들을 위해서 얼마나 많은 일을 하는지를 알게 되셨어요. 저는 넷제로공판장이 에너지전환 사업도 잘 해야 되지만 동네에서 농사짓는 분들이 농사를 멈추지 않도록 하는 역할도 해야 된다고 생각하거든요. 그분들이 적어도 몇 가구 이상은 책임질 수 있을 만큼의 농사를 지으시고 지역에서 그 농산물 판로 개척까지 해서 여기 땅도 살릴 수 있도록…. 사실 농작물이 광합성을 하는 동안에는 이산화탄소도 포집하는 거잖아요. 농약을 치지 않는 농사를 계속하는 것은 아주 중요해서 에너지전환마을 사업에 함께 이곳의 특성을 살린 농사를 잘 보존하는 일까지 해유가 했으면 좋겠습니다. 처음 들어올 때 그런 마음도 가지고 들어왔거든요. 에너지전환 사업만 하는 게 아니라 기후위기 대응마을로 가는 것도 좋겠다는 생각을 합니다.

남은순 여기가 상수원보호구역이잖아요. 그래서 법 테두리 안에서 규제도 많고 자유롭지 못한 부분들 때문에 주민들의 불편도 많아요. 이제까지 그렇게 살아오셨는데 해유가 들어오고, 에너지마을학교가 이어지고, 이분들의 지식과 경험도 점점 쌓이고 어떻게 해야 되는지를 알아가는 그 변화가 분명히 보이거든요. 그래서 국가에서 지금 상수원보호구역의 땅을 사서 관리하는 매수 토지를 어떻게 주민들의 활동으로, 소득으로도 이어지게 할 수 있는지 고민하세요. 그래서 주민들이 스스로 금강환경유역청이나 수자원공사에 '우리가 매수 토지 이렇게 활용하고 싶다.' '이왕이면 밀원수 심고 싶다.' 하는 내용을 직접 제안하면서 변화를 이끌어내고 계세요. 그리고 100가구가 되지 않는 가구 수이지만 70% 이상 재생에너지를 자발적으로 사용하시고 그 변화들을 자식들이 또 보고 계세요. 그래서 자식들이 우리 엄마, 아빠가 달라지는 걸 보고 좋아하고, 손자에게도 영향을 미치고 있다는 거를 어르신들이 말씀하시거든요. 그래서 한 사람의 변화와 한 마을의 변화지만 이거는 분명히 효과가 있을 것이다, 그리고 더욱 그렇게 변화되어야 한다고 생각합니다. 그리고 마을학교 할 때 공판장에 우르르 모이시거든요. 그러면서 서로가 굉장히 반가워하세요. 우리는 마을에서 늘 보던 분들 아닐까 생각했는데 생활이 다르고 직장 다니시는 분도 있고 해서 의외로 거의 못 만난 경우가 많더라고요. 시골 마을 분들이 마치 옆집 숟가락 숫자까지 다 알 것 같지만 전혀 그렇지 않다는 거예요. 누가 어디에 살고 어떻게 지내는지 잘 모르셨는데, 공판장이 서로 만나서 인사 나누고 가까워지는 연결의 역할도 톡톡히 하고 있어요.

송순옥 옛날에는 슈퍼마켓에서 모든 마을의 소식을 알고 그러면서 서로 돌봄이 일어났다고 하잖아요. 저는 넷제로공판장이 그런 역할을 하면 좋겠어요. 어르신들이 모이는 것도 있지만 활동가들이 어르신들 한 사람 한 사람의 특징이라든지, 아니면 지내는 모습을 눈여겨보면서 안녕도 좀 함께 물어봐 주시고…. 물론 조금 더 품을 내야되긴 하겠지만요. 그래서 이곳이 주민들이 단순히 모이는 공간이 아니라 모여서 소식을 전하고 서로돌봄이 일어나는 마을 공동체성을 살려내는 공간이었으면 좋겠어요.

남은순 해유가 들어오고 나서 처음으로 얼마 전에 한 어르신이 돌아가셨어요. 문상 드릴 때 "어디서 오셨냐?"고 물으셔서 "공판장에서 왔어요." 했더니, 가족들이 다 아시는 거예요. "엄마, 공판장에서 오셨네." 하며 서로 안고 위로하고, 마음 아픈 일이면서도 '이런 관계가되어 가고 있구나.' 하고 느꼈어요. 주민들이 우리를 부르시고 서로소식을 전하고 찾아가고요. 다음 달에는 결혼식도 있습니다.

Q 앞으로 미호동에너지전환마을 사업이 더 잘되기 위해서 개선해야할 일과 잠재성과 가능성을 보면서 새롭게 필요한 일은 무엇이 있을까요?

고지현 우선은 제가 담당하고 있는 마이크로그리드 R&D 사업이 올해 끝나거든요. 그 사업으로 솔라시스터즈 분들이 에너지 관련 활동을하실 수 있도록 지원도 해드리고 활동비도 드리고 했었는데, 사업이 끝나면 그분들의 활동도 유지하기 어려울 수 있어요. 에너지전환마을로 가기 위해서 다른 사업을 발굴해야 하는 미션이 있고, 그게 꼭 필요한 상황인 것 같아요. 마을 분들이 에너지전환에 관심을 계속 가질 수 있었던 거는 R&D 사업이라는 어려운 주제를 에너지 해유가 쉽게 풀어서 주민들하고 소통하면서 해 왔기 때문이라고 생각하는데요, 그런 사업을 계속 발굴해 나가는 게 앞으로의 미션인 것 같아요. 그리고 해유는 독립적인 중간 조직 같은 것이라고 생각해요. 마을주민들한테 정부나 기업이 알려야 하는 것을 해유가 중간에서 쉽게 주민들한테 알려드리는 역할을 하고 있고, 맞춤형으로 프로그램을 진행하고 있어요. 유럽 에너지전환마을 중간조직 기구처럼요. 해유가 어디의 지원을 받아서 하는 게 아니라 독립적이고 자체적으로 운영하는 게 가장 큰 잠재력이라고 생각해요.

남은순 R&D 사업이 있던 덕분에 정말 에너지마을학교도 풍족하게 할 수 있었고 주민들과 식사하면서 가까워질 수 있었고, 그런 걸 너무나 잘 알고 있기 때문에 꼭 필요한 사업은 매년 잘 계획해야 할 것 같아요. 해유가 독립적으로 사업할 수 있게 하는 것은 시민햇빛발전소예요. 그리고 또 넷제로공판장이 있는데, 자연 속의 공간이라는 장점도 있지만 도심에서 멀다 보니 평소 사람들이 쉽게 오지 못해요. 물론 도심에 있는 제로웨이스트 숍이라고 해서 다 잘 되는 건 아니지만, 유동인구가 많으면 매출이 일어날 텐데 그러지 못하니까 구독 서비스를 발굴한다든지 다른 방법을 찾아야 해요. 또 넷제로공판장이 민간의 탄소중립센터라고 생각하고 있고, 전국에서도 견학을 오시는 분들이 많으니까 그런 사업성들을 더 키워서 수익을 내는 게 필요하다는 생각이 들어요.

송순옥 저는 첫 번째가 햇빛발전소, 협동조합형 발전소를 가지고 있다는 것 그리고 넷제로공판장 공간이 주는 가능성을 주목하고 싶어요. 여기서만 할 수 있는 것이 있어요. 사람들이 찾아오고 견학하고 체험하고 강의하고…. 공판장에서 물건만 파는 게 아니라 사람을 만나고 교육 프로그램을 운영할 수 있는 공간과 사람과 능력이 있다는 거죠. 그리고 함께하는 마을주민이 있고 마을주민들의 변화가 이미 시작되었다는 거, 저는 이 세 가지가 해유의 가장 큰 자산이자 가능성이라고 생각해요.

신대철 아무래도 지속가능성이겠죠. 해유 그리고 미호동에너지전환마을 사업이 지속가능하기 위해서 수익 창출 모델이 필요해요. 그것이 순옥 님이 이야기한 마을의 햇빛발전소일 수도 있고 체험 활동 개발일 수도 있을 것 같아요. 무엇이 되었든 해유 그리고 미호동 마을의 고유한 수익 모델을 만들어가는 것이 중요할 것 같습니다.

Q 지금 다른 지역에서도 에너지전환마을(탄소중립)과 공동체 활성화 사업이 진행되고 있는데요, 미호동에너지전환마을 사업 경험 중에서 다른 지역 사업기관이나 담당자들이 참고할 만한 내용이 있다면 소개해 주세요.

고지현 덴마크 등 유럽에서 마을사업을 할 때 가장 중요한 게 '커피 타임'이라고 얘기하듯이, 사실 주민과 얼마나 자주 만나서 소통하느냐가 중요한 것 같아요. 미호동 마을주민들하고 모임이나 회의도 하지만, 함께 밥을 같이 먹고 수학여행도 가는 등, 식사를 하면서 쌓이는 친밀감과 어떤 공간과 시간을 같이 나누는 그런 경험이 굉장히 중요한 것 같아요. 그런 시간들을 일이라고 생각하지 말고 다음 단계로 넘어가기 위해서는 꼭 필요한 부분이기 때문에, 마을 분들과의 충분한 시간을 함께해야 된다고 봐요.

송순옥 원칙인 것 같아요. 마을에서 뭔가 하고자 했던 원칙이 어느 시간이 지나면 이것도 해도 될 것 같고 저것도 해도 될 것 같고, 저는 그러지 않았으면 좋겠어요. 처음에 세웠던 원칙을 힘들지만 지켜내 가면서 그것으로 주민들도 설득해 나가는 거, 주민들이 원하지 않더라도 필요한 거라면 설득하는 시간을 가져서, 원칙이 희석되지 않았으면 좋겠어요. 사실은 여기 넷제로공판장에 있는 물건들은 다른 제로웨이스트 숍에 있는 것만큼 다양하지 않아요. 다양하지 않은 이유가 있어요. 기후위기 시대에 먼 거리에서 오는 제품이라든지, 탄소를 많이 써서 생산하는 제품이라든지, 아니면 생명이나 땅을 수탈하거나 착취해서 만든 제품을 쓰지 않으려고 시간과 공을 굉장히 많이 들였거든요. 원칙을 지키려고 애쓰는 거, 그러지 않으면 자기 정체성이 흔들려 버리는 거잖아요. 사업이든 정치든 뭐든 자기 정체성이 흔들려서는 그 어느 것도 저는 안 된다고 생각해요. 정체성을 지킬 수 있었으면 좋겠어요.

신대철 마을에 녹아드는 것이 중요하다고 생각해요. 미호동 에너지전환마을 사업이 지금까지 잘 진행되어 오는 이유 중에 하나는 넷제로공판장이라는 공간도 있지만, 그보다도 미호동에 머물면서 함께 생활하는 해유의 역할이 큰 것 같아요. 외부에서 아무리 지원한다고 해도 같은 생활공간인 마을에 머물며 소통하는 것보다는 못 할 거예요. 아무리 좋은 사업 기획과 방향이라고 해도 그 지역주민들이 어떻게 받아드리는지가 더 중요할 텐데, 해유가 미호동 주민들과 함께 생활하면서 그 역할을 잘해 왔다고 생각합니다.

남은순 더불어서 연대가 중요하다고 생각해요. 지속가능 경영 그리고 지속가능한 변화를 위해서는 미호동 또는 해유만으로 사업을 할 수 없고, 새로운 제품을 만들어내지 못하거든요. 신탄진주조, 마이크로발전소, 탄소창고 또는 지역의 작은서점, 공방 등 어디든 같이 마음을 모아서 해낼 수 있는 작은 성과를 만들어내고 그게 좋은 아이템으로 더 성장하고, 수익으로도 더 이어지고, 더 많은 효과를 낼 수 있다면, 그렇게 손잡고 할 수 있는 일들을 계속 발굴하고 만나고 해나가는 게 중요해요.

Q 미호동에너지전환마을 사업을 하면서 스스로 변화된 게 있나요? 또 새로운 목표가 생긴 게 있다면 이야기해 주세요.

송순옥 공간만 준비된다면 이 지역의 농산물을 가지고 채식 요리를 여기에서 하고 싶어요. 농사짓는 것과 마을이 모두 다 연결되어 있고 외부에서 오는 사람들은 땅과 내가 연결되어 있다는 그런 것들을 같이 체험할 수 있는 공간이 되면 좋겠어요. 농산물이 어떻게 다시 나오는지도 보고. 특히 어린이들의 경우는 한 3시간짜리 미각교육도 하고요. 아직은 그게 없는 것이 조금 아쉬워요.

고지현 미호동에는 청년이 없거든요. 이무열 대표님이 항상 지역활성화를 위해서는 예술이 있어야 된다고 말씀하시는데 청년예술가들이 미호동 공간에서 레지던시(residency, 일정 기간 거주)를 하면서 자유롭게 예술 활동을 하면 좋겠어요. 자연과 먹거리, 우리 공판장의 가치 등을 예술로 재생산해 내는 게 필요하다고 생각해요. 해유 직원만으로는 그게 안 되거든요.

남은순 미호동에 패시브하우스를 짓고 살고 싶어요. 조금 더 완숙한 에너지전환마을로 가려면 우리의 기본적인 주거가 앞으로 이렇게 변해야 한다는 걸 더 구체적으로 제시할 수 있으면 좋겠어요. 거기에 패시브하우스도 해당이 될 것 같아요. 자연 환경에 친화적이고 조화를 이루는 그런 집들이 한 곳 한 곳 늘어나고 마을 전체가 한 발 한 발 새 길을 개척해 나가면서 어느 한 요소만 환경적인 마을이 아니라 마을 살림 전체가 생태와 에너지전환, 탄소중립 마을이 되면 좋겠고, 그런 마을에 살고 싶어요.

또 한편으로는 '우리 활동이 1.5℃를 지키고 기후변화를 막는 데 과연 얼마나 기여하고 있을까?' 하는 생각을 해요. 그렇게 되기 위해서는 지금 이 정도의 활동에 만족할 수 없어요. '어떻게 해야 정책이 바뀌게 할 수 있을까, 우리가 무엇을 바꾸게 할 수 있을까, 조금 더 파급적이고 효과적인 기획이 뭘까?' 하는 고민이 지속되고 함께하여, 더욱 긴밀하게 실천할 수 있으면 좋겠다고 생각합니다.

신대철 아무래도 신재생에너지 기업에서 일하다 보니 미호동에서 하고 싶은 에너지 신사업들이 많아요. 그중에서도 우선 관심사는 미호동만의 독립 전력망을 구축하는 것입니다. R&D 과제 중 흔히 마이크로그리드 사업으로 부를 수도 있는 일부 실증사업을 진행하고 있는데요, 지금의 사업은 분명한 한계가 있어서 한 걸음 더 나아가 공동 전력을 위한 생산시설과 에너지저장장치를 설치해 한전으로부터 독립해 미호동에서 사용하는 전력은 미호동에서 생산하는 진정한 마이크로그리드 사업을 해 보고 싶습니다.

영화나 드라마에는 인지각본(brain script)이라는 단어가 있습니다. 익숙한 상황에 처했을 때 결말을 이야기해 주지 않아도 반복되는 상황 속에서 벌어질 일은 생각해 낼 수 있다는 뜻이죠. 안타깝게도 지금 마을에서 일어나는 일은 기후재난과 강요된 지방소멸 위기에 내몰리는 등, 우리가 알고 있고 경험한 익숙한 상황에서 한참 벗어나 있습니다. 경험하지 못한 일들은 결국 상상력으로 채울 수밖에 없고, 상상력이 위기의 틈에서 희망을 찾아 현실로 가져올 수 있습니다. 앞으로의 에너지전환마을은 어떤 모습일까요?

에너지전환 전문가 양홍모 이사장과 김병호 SF 작가가 만나 10년쯤을 뛰어넘어 에너지전환마을을 상상해 보았습니다.

"새로운 대안은 기술이나 시스템이 아니라 인간의 사유나 문화에서 나온다고 봐요. 똑같이 기술이라든지 시스템으로 해결하려고 하면 실패할 수밖에 없지 않을까요?"

양홍모 이사장은 에너지전환마을의 상상에서 과학기술을 빼놓을 수 없지만, 기술이나 시스템 문제를 생각하기 전에 사유나 문화를 먼저 생각해야 한다고 말합니다. 오히려 위기를 앞둔 우리에게 근원적인 고민들이 먼저 필요하다고 합니다.

"어떤 충격을 받거나 위기상황에 봉착해도 다시 회복할 수 있는 힘은 서로 연결된 인간관계에서 나옵니다. 그런 점에서 공동체의 유연한 네트워크가 가장 중요하지 않나 하는 생각이 들어요."

　김병호 SF 작가는 미래에 우리 인간은 공동체는 깨지고 개인들은 낱개로 떨어져나가 시스템의 부속품처럼 되어 있는 인간성 상실의 디스토피아와, 에너지공동체를 만드는 연결된 분산, 자치와 자립의 유토피아 그 중간쯤에 있을 것 같다고 합니다. 그래서 미호동이 실험하고 있는, 지역을 자립과 자치의 네트워크로 진화시키는 공동체운동과 에너지자립운동이 굉장히 중요하다고 합니다.

　공통적으로 미래는 양날의 칼처럼 위기와 기회가 한 몸에 있고 희망을 위해 과거처럼 계몽을 앞세우기보다 교감과 공감에 기초한 마을학교가 필요하다고 합니다. 상상이기 때문에 답도 결론도 없습니다. 그렇지만 두 전문가는 암울하고 힘든 상황에서 미래의 에너지전환마을을 긍정적으로 상상하기를 멈추지 않고 자연과 기술이 공존하는 마을을 꿈꾸고 있습니다.

진　　행 : 이무열
녹취정리 : 고지현

Q　　SF는 기존 시스템에 익숙한 상상이 아니라 시스템을 벗어나 다른 상상을 할 수 있는 힘이 있습니다. 기후위기와 사회위기 속에서 공동체(마을)의 장래와 관련해서 유토피아적 상상과 디스토피아적 상상을 해 본다면 어떤 상상을 할 수 있을까요?

양흥모　오늘 맹꽁이 분들도 초대했어요. 맹꽁이도 기후위기를 몸소 경험하고 할 얘기가 많은 지구 생명공동체의 일원으로 이곳 버드나무 아래 습지에서 오늘 대담에 참석하고 있는데요(실제 대담이 진행되는 동안 맹꽁이들이 울고 있었다), 자연생태계와 떨어져 이분법적으로 모든 것을 구분하고 대상화한 인간중심적인 문명과 현대의 사유의 문제에서 출발할 필요가 있지 않나 생각했습니다. 그러니까 기술이나 시스템의 문제가 아니라 근원적인 고민이 먼저 우리에게 필요한 거 아닌가 합니다.

김병호　우리 미래가 어떻게 변할 것인지 상상해 보자고 했을 때 둘로 나눠서 보면, 유토피아적 미래는 밋밋하고 상상할 게 별로 없어요. 글 쓰는 입장에서 '인간이 이성을 발휘해가지고 잘 변했구나.' 그러면 사실은 이야깃거리는 없죠. 주로 디스토피아 얘기가 많이 나오죠. 답은 크게 어렵지 않은 것 같아요. 지금처럼 계속 집중이 가속화되면 공동체는 깨지게 되죠. 디스토피아를 그리는 대표적인 작품 중에 하나인 〈블레이드 러너(Blade Runner, 1982)〉라는 영화를 보면 개인들은 전부 개체화 돼 있고 시스템의 부속품처럼 돼 있죠. 심지어는 레플리칸트가 있고 인간이 있는데 자기가 레플리칸트(Replicant, 휴머노이드)면서도 인간이라고 생각하고, 또 나중에 주인공조차도 인조인간이었다는 결론으로 끝나거든요. 이렇게 정체성의 혼돈, 이런 것이 다 인간성 상실로 진행이 될 거라고 생각합니다. 반대로 우리가 추구하는 것처럼 에너지공동체같이 분산과 자립으로 잘 갔을 때는 유토피아적 상상을 할 수 있는데요, 우리의 미래는 그 중간쯤 어디에서 헤매고 있지 않을까요?

제가 쓴 소설 〈폴픽〉에서 어떤 설정을 했냐 하면 지구 근처로 지나가는 거대 운석 하나를 정지궤도 위에 잡아 놓습니다. 정지위성이한 3만 6천km 정도에 있는데 말하자면 중위도 적도 근처 한 곳 위에 떠 있는 거죠. 수십만 kg 또는 그 이상의 거대 운석을 잡아놓고 거기다가 태양 전지를 설치하죠. 공기를 투과할 일이 없고 태양에서 훨씬 더 효율이 좋은 전력 에너지를 생산할 수 있는 겁니다. 그때는 아마 무선으로 에너지를 송출하는 기술은 상용화돼서 그렇게 만든 에너지를 지구로 직접 전송을 할 수 있는 겁니다. 그래서 전력 에너지 문제를 많은 부분 해결할 수 있긴 하지만, 다국적 기업이 그 과정을 독점하기 때문에 대다수 인간의 삶은 개선되지 않는 이런 설정을 한 적이 있습니다. 이런 관점에서 보아도 미호동이 지금 하는 공동체운동과 에너지자립 운동이 굉장히 중요한 문제가 아닐까 생각하고 있습니다.

김병호 양홍모 이사장이 말한 근원적 철학의 문제가 조금 막연한데, 구체적으로 얘기되면 좋을 것 같아요. 어떤 생각을 하시는지? 어떤 생각 때문에 그렇게 출발을 하시게 됐는지?

양흥모 그런 생각은 넷제로공판장 시작할 때부터 했어요. 공판장을 열고 에너지자립마을을 만들겠다는 생각은 헨리 데이빗 소로의 『월든』에서 영감을 받았는데, 예를 들면 새로운 대안은 기술이나 시스템 자체가 아니라 그것을 만들고 잘못 사용하는 인간의 사유나 문화에 원인이 있다고 봐요. 그렇게 해서 생긴 문제를 똑같이 기술이라든지 시스템으로 해결하려고 하면 실패할 수밖에 없지 않을까요? 과학기술과 시스템은 여전히 우리에게 중요한 도구지만 지금은 도구 이상의 역할을 인간들이 부여하기 시작해서 인류의 운명까지도 고민하는 상황이 된 거잖아요. '이 시점에서 잘못 꿴 옷 단추를 풀고 처음부터 문제를 다시 풀어보는 고민이 필요한 거 아닌가? 기술과 시스템에 의존해서 생긴 문제를, 새로운 기술과 시스템으로 풀겠다는 거는 결국에는 그 문제를 가속화하고 파국으로 가는 지름길 아닌가?' 이런 생각을 합니다.

김병호 그 부분의 뜻은 동의하는데, 자칫 잘못 들으면 현대판 러다이트 운동이라는 오해를 살 수도 있을 것 같아요. 그래서 '공동체의 새로운 모습에 대해서 한번 상상해 보자.'고 했을 때 '새로운 모습'이 뭐냐? 새로운 모습은 어떤 철학을 복원한다기보다는 본원의 철학을 다시 찾아오더라도 무시할 수 없는 바뀐 사회와 새로운 기술과 융합해야 하지 않을까요? 어쩔 수 없이 현재의 기술과 환경에 대해서 이해하고 인정하고 그 위에 철학을 얹어서 이 시대에 구현하는 게 더 맞지 않을까요?

양흥모 예를 들면 지금 우리 사회는 유토피아와 디스토피아가 섞여 있다고 생각하거든요. 서울의 어느 마을이 가장 유토피아적이라고 얘기하는 사람도 있을 것 같고요, 누구는 시골에 인구도 줄고 지역 경제도 붕괴된 그런 데가 디스토피아라고 얘기할 수도 있겠죠. 그런데 인구가 줄고 산업은 붕괴됐지만 거기 사는 사람들이 지역 전통과 공동체를 유지하면서 전통 속에 축적된 지혜로 농사를 짓고 먹고 살고 서로 의존하고 사는 그런 사회가 여전히 유토피아적인 것이 아닐까 하는 생각도 들어요. 많은 부와 시스템으로 유지되는 사회가 가장 살기 좋은 데라고 생각할 수도 있지만, 이 둘의 기준을 어떻게 세워야 할지 그게 지금의 문제이기도 하고 미래의 문제이기도 하다고 생각해요.

김병호 아까 얘기했던 헨리 데이빗 소로의 『월든』으로 돌아가는 것이 좀 더 낫지 않은가! 이런 말씀이신가요?

양흥모 그런 관점이 우리에게 필요하다고 해야 되겠죠. 지금은 기술과 시스템이 저는 너무 과잉되어 있다는 생각이 들거든요.

김병호 현재로서는 암울한 느낌이 있어요. 그래도 인간의 이성의 힘 그리고 인간 역사 전체를 보면 후퇴했다가 나아가기도 하고 결국은 진보해 왔다고 생각해요. 조선시대만 해도 평균 수명이 40세가 안 됐습니다. 지금은 보건 체계나 기술, 환경이 개선됐고 전쟁도 많이 줄었고, 전쟁으로 인해서 피해받는 일도 줄었고, 이렇게 점진적으로 개선되지 않을까 하는 희망을 가지고 있습니다. 인간의식이 조금 더 진전되고 그러면서 양질의 기반을 토대로 조금씩 더 긍정적으로 변화되지 않을까? 이건 믿고 싶은 마음이기도 하지만, 그럴 가능성도 있다고 믿고 있습니다.

Q 대표적인 SF 영화 〈스타트랙〉의 선 없는 전화기처럼 미래의 에너지전환마을에서는 지금은 볼 수 없는 어떤 풍경(생활모습)을 상상해

볼 수 있을까요?

김병호 먼저 제가 해 볼까요? 사람 사는 모양은 크게 변하지 않더라고요. '왜 이렇게 급격하게 변하지 않을까?'라고 생각해 보면 유토피아 얘기도 했지만, '사람 사는 일이 결국은 밥 먹고 일하고 또 사람 만나서 사랑하고 이런 일로 돌아가는 게 아닌가?' 이런 생각을 하죠. 그렇게 생각해 보면서 통신기기 같은 것은 10년 전, 20년 전에 비해 많이 바뀌었지만, 결국 사는 모습은 단기간에 크게는 바뀌지 않을 것 같아요. 지역에서 공동체가 잘 이루어져서, 예를 들면 에너지 독립이 일어나면 그다음에 경제독립이 있을 것이고 경제독립이 생기고 나면 교육독립 있고 그러다 보면 문화도 독립할 수 있을 것 같아요. 이 작은 단위에서도 이런 것들이 선순환이 되면서 뭐라 그럴까요, 우리 모두가 소중한 생명이고 인간이라는 존재 목적에 충실하면서 더 행복해지는 거겠죠.

양흥모 기술적인 얘기부터 좀 하고 싶은데요, 미호동은 마을에서 주민이 쓰는 생활 전력의 50% 이상을 재생에너지로 충당하는 RE50+R&D 사업을 하고 있어요. 조금만 더 재생에너지를 추가하면 재생에너지 100%로 생활 전력을 충당하는 마을이 되는 건데요, 앞으로 대부분의 마을은 태양광 발전뿐 아니라 풍력 발전도 가능하고, 수열 에너지나 소수력 발전 같은 다른 재생에너지를 통해서 에너지를 RE100 이상을 달성할 수 있어요. 그래서 외부의 에너지 시스템의 어떤 영향이나 문제에도 독립적으로 에너지를 확보할 수 있는 마을이 되는 거죠.

더 중요한 먹거리 문제도 노지농업 등이 누가 보더라도 매우 리스크가 크고 앞으로 기후위기에 큰 영향을 받을 거라는 건 알고 있잖아요. 취약해진 마을 농업도 새로운 방식으로 디자인돼서 지역 주민이 다시 농업생산 활동에 참여하면서, 미래에 여러 가지 위협적인 부분을 보완하는 방식으로 간다면 마을이 살기 좋은 유토피아가 될 수 있을 것입니다. 그런 점에서 미호동이 소중한 마을 사례가 될 거라고 생각합니다.

양흥모 미호동에서 진행한 마이크로그리드 프로젝트는 주민들 사이의 전력 거래라는 기술 실증을 해 보는 거였는데, 이게 주민들이 공감할 정도로 실증되거나 그러지 않았어요. 김씨네 집에서 생산한 잉여전기가 부족한 옆집 박씨네로 보내지는 것을 가상으로라도 검증하고, 이렇게 작동되는 네트워크 시스템을 쉽게 공감할 수 있는 기술검증이 이번 프로젝트에서 충분히 되지는 않았지만, 기술적으로 초기 상황이니까 가까운 미래에는 얼마든지 가능하거든요. 옛날에 마을공동체에 전통적인 품앗이가 에너지 부분에서도 가능해지는 거죠. 예를 들면 집에 손님이 많이 와서 전력이 많이 필요한 날 전력이 좀 남는 옆집에서 전기를 보태준다든지, 집집마다의 전력 계량기를 통해서 들어오고 나간 것들이 확인되면 마을 안에서 에너지 품앗이가 가능하겠죠. 그래서 마을에서 전력 거래를 통해서 에너지에 대한 생각을 공유하고 그리고 에너지를 통해서 마을의 공동체성이 유지되고, 그 이상의 돌봄과 공존의 문화를 만드는 새로운 가치도 나올 수 있지 않을까요?

김병호 예를 들어서 가족 개념의 변화도 생길 수 있고, 또 주거 형태도 함께 모여 사는 방식으로 바뀔 수 있죠. 요즘에 공유주택 같이요. 미치오 카쿠는 대화를 하거나 글을 쓰면서 인간 뇌와 뇌가 커뮤니케이션을 했는데, 앞으로는 브레인하고 브레인이 직접 연결한다는 애기를 해요. 인간의 뇌하고 뇌가 직접 연결이 되면 전 지구 모든 사람의 브레인 네트워크가 될 수 있는 거죠. 브레인 네트워크가 되면 지구가 하나의 집단지성화 될 가능성도 충분히 있다는 거예요. 이는 서로가 서로를 인정하지 않으면 이루어질 수 없는 일입니다. 서로를 믿지 못하거나 인정할 수 없어서 누군가가 난 빠지겠다 하면 이루어질 수 없는 일이니까요. 그러면 어떤 나쁜 요소를 제거하는 방향으로 인간 존재가 나갈 수 있는 초석 같은 건 분명히 된다고 보죠. 이렇게 되면 자본 등이 집중되고 누군가 지배하고 수탈하려고 하는 구조는 있을 수 없는 일이 될 겁니다.

양흥모 예를 들면 우리가 공판장을 하고 있잖아요. 지금 기술로도 냉장고 안에 들어가 있는 제품이 자동 이력 확인 기능을 통해서 유통기한이라든지 종류, 수, 이런 것이 확인되잖아요. 만약에 공판장에서 마을주민들이 사용하는 식재료를 냉장고를 통해서 알 수 있다면, 필요한 식재료를 공동으로 구매할 수도 있고, 나이가 70이 넘어서 혼자 사시는 분들이 많으니까 이 분들에게 마을에서 생산된 농산물을 제때 공급할 수도 있고, 조리를 못해서 유통기한이 지날 때까지 식재료가 쌓인 분들한테는 조리된 음식을 제공할 수도 있고요. 그래서 마을 분들이 1년에 먹는 양과 패턴이 확인되면 뭘 심고 뭘 키워서 어떤 분들에게는 어떻게 공급하고, 누구는 조리된 거를 줘야 되는지 알 수 있겠죠.

김병호 양날의 칼이 될 수 있죠. 그 정보를 대기업이 제일 알고 싶어 할 거예요. 이미 진행되고 있고요.

양흥모 그래서 중요한게 그런 네트워크를 어떤 식으로 하느냐 하는 거예요. 농촌이나 지역이 스스로 독자적으로 해 보는 게 중요하다는 생각이 들어요. 지역 중심적으로 사유하고 시스템 디자인을 어떻게 할 건지, 여전히 우리가 해 보지 않은 영역이 많이 있다고 생각해요. 우선은 마을주민들 냉장고 정보와 지역농업이 연결되는 것이 매우 중요합니다.

김병호 에너지전환마을이 미래에 어떻게 무엇을 준비해야 될까, 얘기가 자연스럽게 그리로 연결되는 것 같은데, 가장 핵심은 네트워크라고 생각해요. 독립된 마을공동체들 사이에 탄력적이고 효율적인 네트워크를 만들어내는 게 다음 단계로 나가기 위해서 시급한 과제가 아닌가 싶어요. 어떤 충격을 받거나 위기 상황에서도 다시 회복할 수 있는 힘은 공동체의 유연한 네트워크 체제라는 생각이 들었어요. 그런 네트워크는 어떤 형식으로 될까? 작은 단위의 연결이 굉장히 탄력적이라고 하더라고요. 한 군데 충격을 입어도 우회하는 방법도 생기고 그러면서 선순환 되고 서로 공유하면서, 예를 들어 마이크로그리드로 전기를 나눌 수 있을 때는 신속하게 주고받을 수 있죠. 결국 공동체가 살아남으려면 네트워크가 살아 있어야 되는구나 하는 생각이 듭니다.

Q 미래는 기술, 사람, 환경(자연/사회)으로 구성된다고 합니다. 3개의 시선으로 전개될 앞으로 사회의 풍경과 에너지전환마을이 준비해야 할 내용은 무엇이 있을까요?

양흥모 우선 사람과 기술, 자연까지 포함한 관계들에 대해서 다시 생각하고 복원하는 것이 매우 중요하다고 생각해요. 경험적으로 서로에 대해서 공감할 수 있는 기회를 어떻게 만들 건지가 중요하겠지요. 공판장에서 올해 꿀벌학교를 했는데 국내 최초일 것 같아요. 사람과 꿀벌의 관계에 대해 배우는 학교를 한 거죠. 그동안 꿀벌은 인간 중심의 관점으로 양봉업으로만 생각하고, 꿀벌이 매개 곤충으로서 많은 기여를 하고 있는 걸 깊이 생각하지 못했어요. 정부 정책도 농림축산식품부 양봉업 그리고 산림청에서 밀원수 조성 사업으로 따로따로 있었단 말이에요. 사람과 꿀벌은 생태계 안에서 뚝 떨어져 있는 게 아닌데. 이번에 꿀벌식당 학교를 하면서 사람과 꿀벌 관계에 대해서 다양한 전문가들에게 배우면서 농업과 양봉업을 보는 관점이 어떠해야 되는지 관심이 생기기 시작했어요. 유엔이나 외국에서는 지역 양봉 농가에서 생산한 꿀을 로컬푸드의 매우 중요한 식품으로 홍보하고 판매해 줍니다. 예를 들면 대덕구 양봉 농가의 꿀을 대덕구나 대전시민들이 사주는 게 얼마나 중요한지를 홍보합니다. 그러지 않으면 지역 농가가 유지되기 어렵기 때문이에요. 뉴질랜드 산 고급 꿀을 유기농 꿀이라고 사먹거나 동남아 꿀을 싸다고 사먹는 게 지역 농업에는 도움이 안 되고, 양봉 농가가 외국산 꿀에 의해 점점 설 자리를 잃게 되면 지역의 농업, 도시농업까지도 문제가 되고 결국에는 농업 생태계가 깨지는 거죠.

김병호 바꾸는 데 있어서 예전에 계몽주의 방식으로 접근하면 안 될 거라고 봐요. '너희들이 이거 알아야 돼.' 이래서는 안 되죠. 정서적인 변화가 먼저 이뤄지고, 그러고 나서 기술들이 연결되도록요.

양흥모 김병호 작가도 계몽주의적이면 안 된다면서 정서적인 부분의 교감과 공감 이야기를 하셨는데, 저는 마을에 경험 중심의 새로운 학교가 필요하다고 보고 준비하고 있죠. 음식에 대해 영양학적인 건 알지만 조리할 수 없고, 집 구조는 알지만 집을 지을 수가 없고, 옷을 사 입을 수 있지만 옷에 구멍 난 걸 깁기도 어려워요.

김병호 마음의 리사이클이라고 해야 할까요? 단선적이고 그냥 나아가는 마음이 아니라 돌아보고, 돌아보고, 다시 한번 리마인드 하는 시간 도 필요하지요.

양흥모 실제 내가 옷을 기워 보는 것만으로도 의류 소비 시스템의 문제를 꿰뚫어볼 수 있는 안목과 대처나 판단력이 좋아진다고 생각합니 다. 여기서부터 시작이라는 생각이 듭니다.
미호동에서 경험한 것처럼 지역의 자연 환경과 네트워크들, 또 지 역에서 오래 살았던 사람들의 경험을 확인하면서 미래사회를 디자 인하기 위한 소통도 하고 논의도 하는 과정 속에서 구체적인 내용 이 나올 거라고 믿습니다.

양흥모 전통적으로 생태도시, 생태적인 사회에서 가장 중요한 세 요소가 물, 식량, 에너지 거든요. 도시계획이라든지 생태도시 이론에서 물, 식량, 에너지를 어떻게 디자인하고 시스템화 하는지가 제일 중요하 다고 이야기하는데 미호동에 물, 식량, 에너지 자원이 다 있어요.

Q 「글로벌 그린 뉴딜」이란 책을 쓴 미래학자 제러미 리프킨은 전환 과정에 교통과 에너지, 커뮤니케이션을 주목해야 한다고 합니다. 에너지전환마을에서 이 세 가지 전환요소의 의미와 또 그와 관련 된 생활을 어떻게 상상할 수 있을까요?

양흥모 프랑스 파리에서 시행하는 '15분 도시'가 정책적으로 시도되고 있 는 사례라는 생각이 드는데요, 일거리, 의료, 문화, 자연녹지 등을

15분 안에 걸어서 도달할 수 있게 해보는 겁니다. 이렇게 되려면 지역의 교통, 에너지 체계, 그리고 지역 주민들이 서로 협력하고 도울 수 있는 커뮤니티 문화 등이 전환돼야 될 것 같아요.

김병호 독립성이나 커뮤니케이션이 더 발달하면 교통, 즉 직접 움직이는 것의 중요성은 줄어들지 않을까 하는 생각이 들더라고요.

양흥모 제러미 리프킨의 교통, 에너지, 커뮤니케이션에 대한 부분이 공판장에서는 에너지와 커뮤니케이션으로 사업화되고 있죠. 재생에너지와 넷제로공판장이라는 플랫폼을 통해서 새롭게 확충하고 나아가고 있는데, 교통 부분은 사실은 현실적으로 못 풀어내고 있는 과제예요. 그런데 저희의 관점하고 지역 주민들의 관점은 좀 다르더라고요. 주민들은 교통에 대해서 크게 불편함을 느끼지 않아요. 예를 들면 신탄진 장날에 버스 타고 나가서 장을 보고 점심 전에 돌아와서 점심을 드시는 것이 오랜 기간 동안 생활 속에서 아주 익숙하게 해 왔던 일이기 때문에 이게 어렵다고 생각하지 않아요. 무인 자율주행차가 상용화되면 고령의 운전자들을 위해서, 예를 들면, 필요할 때 저희 공판장에 오시면 기계 조작을 잘하는 젊은 사람이 목적지까지 갔다 오는 프로그램을 세팅해 드리고 나이 많은 주민 분들은 타고 갔다 오실 수 있는 서비스를 할 수 있다고 하면, 대중교통 노선을 확대하는 것보다는 효율성 면에서는 좋아질 수 있겠다 싶네요.

양흥모 마을주민들이 IoT를 RE50+ 에너지 자립마을 프로젝트 과정에서 아주 초보적인 수준이지만 경험을 했어요. 예를 들면 태양광발전기 전력 계통에 단말기를 설치해서 앱으로 본인들 전력 생산량과 소비량을 실시간으로 확인할 수 있게 했는데, 효능감이 아주 좋았습니다. 70~80대 어르신들도 처음에 앱을 설치하는데 힘들었지만 어플을 활용하면서 본인들이 직접 에너지 관리를 할 수 있는 효능감을 맛본거죠. 지금까지 에너지 체계는 국가나 한전 같은 회사의 관리 중심의 시스템이었고 전기를 쓰거나 소규모로 생산한 생산자들은 거대 시스템의 부수적인 단위였습니다. 그런데 개인이 단말기나 앱을 통해서 통합적인 생산과 소비를 확인하면서 소비관리를 어떻게 해야 할지 생각하게 하는 과정을 IoT 관련 시스템을 통해서 할 수 있다는 걸 미호동 마을에서 확인했어요. 저는 국가가, 자본이 과연 이런 프로그램을 개발할까 하는 생각을 해요. 지금까지는 정부 주도의 일부 기술 개발 사업이었으니까 할 수 있었던 거죠. 자본이, 아니면 국가가 이걸 완전히 시스템화하기 위해 이런 기술을 과연 개발할까요? 그래서 자립적인 에너지 기술을 개발할 주체는 직접 에너지관리의 효능감을 맛본 국민들이 기술협동조합이라든지 예전에 있었던 과학상점처럼 과학기술인 커뮤니티 같은 데서 개발해서, 기술이 대기업에 종속되는 게 아니라 주민들에 의해서 사용되고 관리될 수 있는 과학기술의 민주화가 필요한 거 아닌가 하는 생각이 들어요.

양흥모 미호동 마을회관을 따뜻하게 하는 거는 24시간 가동되는 지열발전입니다. 외부에 어떤 에너지도 유입되지 않고 이 회관 밑에 있는 지열을 통해서 난방을 해요. 그런데 사실 걱정이 되는 건 만약에 지열발전기가 고장 나거나 멈추게 되면 어떻게 될까 하는 거예요. 예를 들면 지열발전기를 마을 분들이 고칠 수 있는 게 아니잖아요. 외부에서 고치는 사람이 와서 고칠 때까지 5일, 10일, 20일 걸린다고 했을 때 이분들 생활이 어떻게 될까…. 그래서 좋은 기술은 마을이나 아니면 가까운 신탄진에서 부르면 와서 옛날에 보일러 고치듯이 고칠 수 있을 만큼 아주 단순화해야 된다고 봐요. 대기업 전문가가 엄청난 장비를 갖고 와서 고치는 것이 아니라요. 그래야 이게 마을주민들에게 좋은 시스템이 아닌가요. 저는 기술이 충분히 인간을 행복하게 하고, 얼마든지 복지나 돌봄에서 큰 역할을 할 수 있는데, 다만 그러기 위해서는 관리나 기술의 사용 문제에서 지역사회 수준에 맞게 적용할 수 있어야 한다고 생각해요. 대기업에만 의존하지 않아도 되는 정도가 가장 좋은 기술 아닌가 하는 생각을 마을분들 보면서 하게 됐어요.

Q 끝으로, 하시고 싶은 말씀은?

양홍모 공판장에서 판매하는 RE100 우리술에 생태도시가 다 있다고 생각합니다. 보통 생태도시 계획에서 물, 식량, 에너지를 얘기하는데 RE100 우리술은 금강의 물과 금강 가의 쌀과 지역 재생에너지로 빚은 거죠. 이 세 가지가 RE100 우리술 안에 고스란히 담겨 있죠. 마시면서 태양 에너지와 땅의 기운과 물을 느낄 수 있으면 좋겠습니다.

김병호 제가 생각하면서도 미처 말하지 못한 게, 대도시가 정말 제일 큰 문제구나 하는 생각이 들었어요. 미호동같이 자립할 수 있고 독립할 수 있는 좋은 환경을 가진 마을을 보면, '대도시 어떡하지?' 하는 생각이 번쩍 들더라고요.

Q 예, 오늘 좋은 말씀 감사합니다.

2 | 잘하고 있어요

 01 미호동의 오늘은 우리의 미래다

- 대전충남녹색연합 박은영 사무처장

"미래를 예측하는 가장 좋은 방법은 미래를 만들어내는 것이다."

후지요시 마사하루의 저서 『이토록 멋진 마을』의 첫머리는 컴퓨터 학자이자 교육자인 앨런 케이가 했던 이 말로 시작한다. '소멸 가능 도시'였던 후쿠이 현이 다시 발돋움한 이야기를 담은 이 책은 '위기를 먼저 느낀 지역이야말로 미래를 알 수 있는 기회가 넘쳐나는 곳'이라고 말한다. 대전에도 소멸 위기의 여러 마을이 있고 이를 변화시키려는 훌륭한 시도가 많았다. 마을공동체, 마을활동가들이 어려운 여건에도 역할을 해주고 있기 때문이다. 그중에서도 미호동을 주목하는 이유는 대전에서 좀처럼 보기 힘든 생태전환, 생태마을의 방향을 만들어가는 유일한 곳이기 때문이다. 단순히 지역생태계를 지키자는 구호가 아니라 재생에너지 전환, 마을 일자리와 경제, 그리고 지역생태계 보전까지 포함한 모델로서 돋보이며 기후위기 시대를 살아가야 할 마을의 미래를 보여준다. 또 아무도 주목하지 않는 작은 마을에서 '굳이 가게를 시작한 엉뚱한 사람'들이 하늘, 강, 시간이 자원인 마을에서 '진짜 풍요라는 것은 무엇일까' 물으며 미래를 만들어가고 있다. ●

미호에서 만든 전환의 씨앗들

굳이 부르자면 '외지 것'들이 미호동으로 들어와 별 불편함 없던 공판장을 바꾸겠다고 행정 담당자(통장)와 함께 나서니, 처음에 주민분들은 참으로 낯설고 어려웠을 것이다. 주민학교를 열어 노래를 시키질 않나, 바쁜데 회의하자고 들이밀지 않나, 참으로 귀찮고 엉뚱한 사람들이 동네를 휘젓고 다닌다 생각했을 것이다. 그래도 여러 주민분의 의지가 모여 미호동과 대전 대덕구, 신성이앤에스(주), 대전충남녹색연합이 힘을 합쳐 에너지전환해유 사회적협동조합을 만들었고, 미호동넷제로공판장이 문을 열었다. 공판장 마당에 자리 잡은 커다란 느티나무 아래 벤치에

● 후지요시 마사하루, 김범수 옮김, 『이토록 멋진 마을 - 행복동네 후쿠이 리포트』, 황소자리, 2016, 112~113쪽 참조.

앉아 살살 불어오는 바람을 맞으며 음료를 마시는데, 딱 그런 생각이 들었다. 대전의 마을이, 미호동이 진짜 아름답구나. 금강을 머금고 부는 바람과 그 바람이 머무는 마을의 정경은 '진짜 풍요로움'이 무엇인지 알게 해주었다.

넷제로공판장이 문을 열고 시작한 넷제로장터는 '비닐 없는 장보기'로 첫 문을 연 중요한 행사였다. 지역에 제로웨이스트 붐이 일긴 했지만 소비와 더 강하게 연결되어 더 큰 실천력으로 확장되지 못할 즈음에, 진짜 비닐 없이 농작물과 음식을 팔고 사야 하는 장터를 경험할 수 있었던 첫 시도였다. 마을 장터가 생긴다니 좋았는데, 비닐을 쓰지 말자 하니 주민들은 '저것들은 뭐하는 것들인가' 생각하며 열심히 또 같이 고민해 주었다. 집에 있는 종이백, 신문을 모으고, 감잎을 따다가 씻어서 말리기까지. 장터에 온 이들은 두부를 담아갈 통을 마련해 보고, 신문지로 포장된 나물을 구입해 보고, 깨끗이 씻은 감잎에 떡을 사먹는 경험을 했고, 그 힘은 컸다. 사람들은 이 경험을 신기해했다. 일상에 돌아가서도 그런 실천을 해 보려 애쓰기 시작한 시민들에게, 매월 열리던 장터는 큰 원동력이었고, 확장성이었다. 해유가 원래 하고 싶었던 에너지전환과는 거리가 멀다고 생각하는 이들도 있었지만, 넷제로공판장이 자리매김하기엔 충분히 매력적이었다. 그 멀리까지 누가 가냐는 냉소를 깨버릴 정도로.

'저것들은 뭐하는 것들인가.' 생각하시던 미호동 주민들은 현재 어떤 모습일까? 미호동 마을 여성 어르신들은 '솔라시스터즈'로 활동 중이다. 미호동 에너지자립마을 프로젝트가 그 시작이다. 미호동 마을에 태양광발전을 설치하고 마을 에너지가 얼마나 되는지 살피는 마을 에너지 검침원, 햇빛발전을 전파하는 선생님, 에너지 투어를 오면 마을 가이드에 에너지 상담도 한다. 미호동 에너지자립마을 프로젝트는 산업자원부 지원사업으로 2021년부터 '주민주도형 마을 RE50+ 마이크로그리드 실증사업'에 선정되기도 했다. 해유와 신성이앤에스㈜에서 재생에너지를 설치하고 마을 간 전력 거래 데이터를 활용해 에너지자립마을에 도전, 주민들과 어떻게 함께할 수 있는지를 고민했다. 마을 내 재생에너지 설비를 마을에서 스스로 관리할 수 있도록 에너지 활동가 솔라시스터즈를 결성한 것이다. 그러면 공짜로 일하시냐 하면 그것은 아니다. 임금을 받는 노동자들이다. 마을 일자리로, 마을을 바꾸는 활동가로 미호동을 RE100 마을로 바꿔 가는 주역이다. 에너지전환에 발 담그신 주민분들은 비올 때면 시끄러워 죽겠던 맹꽁이 소리도 예쁘게 듣고 넘기시게 된 듯하다. 마을의 땅이, 하늘이, 인접한 금강이 모두 귀하고 우리를 풍요하게 하는 자원인 것을 그곳에 사는 주민들도, 대전에 사는 시민들도 미호동을 통해 느낀다.

이쯤 되면 '저것들은 미호동에서만 뭘 하나' 생각할 텐데 그렇지 않다. 우선 인근 대전 대덕구 법동 주공3단지아파트 상가 옥상에 94.94kW 태양광발전과, 아파트 베란다 햇빛발전 24kW급(미니태양광을 70가구에 설치)을 LH대전충남지역본부, 신성이앤에스㈜, 대전충남녹색연합과 함께 설치했다. 대전 대덕구, 법동 아파트 관리사무소와도 계속 소통하며 주민 의견을 묻고 미호동 이야기도 전하며 햇빛발전에 대한 수용성을 높이는 데도 공을 들였다. 태양광 허가를 받는 일, 디자인과 펀딩 하나하나 쉽게 되는 일이 없었지만 지금은 지역의 좋은 ESG사업 사례로 평가받고 있다. 해유는 이렇게 쌓은 내공으로 경상북도 탄소중립 에너지전환 시범마을로 선정된 청도군 소라리 에너지전환 주민교육도 2년째 하고 있다. 에너지전환해유로 기사를 검색해 보면 다른 지역 신문에 실린 인터뷰와 취재기사가 많다. 은근히 전국구다. 재생에너지 확대가 전국적으로 많지 않고, 행정과 기업 그리고 시민단체가 함께 하는 사례가 많지 않다 보니 이런 사례들은 전국으로 수출된다.

한술 더 떠 술도 판다. 전국 최초 자발적인 RE100 탄소중립 1호 기업인 신탄진주조(주)에서 만드는 전통주다. 신탄진주조는 태양광발전으로 전통주를 만들고, 현재 막걸리까지 출시해 지역사회 젊은 층들이 모이는 술집에 제법 들어가 있다. 앞서 언급한 법동 주공3단지아파트 햇빛발전소 재생에너지도 RE100 술을 만드는 신탄진주조에 공급된다. 지역이 생산한 에너지를 이용해 지역 상품을 출시하는 순환구조를 만들어 낸 것은 의미가 크다.

지금, 지역에 필요한 전환의 씨앗을

탄소중립 선언이 있고 온실가스 감축과 기후위기 대응에 대한 지역사회 인식이 많이 높아졌다고 생각하지만, 아직 재원이 부족하고 변화는 더디기만 하다. 윤석열 정부 들어 재생에너지, 특히 태양광 관련 사업의 예산이 줄줄이 삭감되면서 기존에 재생에너지 확대를 위해 구성되었던 거버넌스도 슬그머니 사라졌다. 이런 흐름일지라도 해유로서는 탄소중립에 관련된 다양한 사업을 시도해야 했고, 그러다 보니 원래 하려던 에너지전환이 자꾸 빛바래지는 것은 아닌가 걱정하는 목소리도 있었다. 하지만 이런 때일수록 멈추기보다는 더 촘촘한 연결망을 만들어 가는 것도 괜찮은 전략이다. 2024년 시작한 '윙윙꿀벌식당'처럼 꿀벌과 밀원수를 통해 지역 생태계를 돌보고 양봉업 주민들과 함께 지역 일자리를 확장해 보는 시도 또한 또 다른 출구가 될 것이다. 미호동의 오늘은 과거에 매일 수 없다. 앞으로 한 발씩 나가면서 미래를 만들어 내야 한다.

기후위기가 지역을 향하고 있다. 이는 세계적 홍수, 가뭄과는 다르게 '시나브로' 다가오고 있다. 지역민들이 '이게 기후위기인가.' 자각했을 즈음엔 이미 파국으로 치달았을지도 모르겠다. 환경운동가들이 지역 환경을 위해 몸을 내던지겠다는 준비를 하는 것도, 좀처럼 움직이지 않는 이 세계가 그렇게 파국을 맞이할 즈음에 더 앞으로 나서야 하지 않을까 싶은 생각이 들어서다. 그래서 작은 움직임들의 촘촘한 그물망을, 지역의 안전망을 만들어내는 것이 중요하다. 미호동의 작업들은 그래서 유의미하고 중요하다.

기후 운동을 하면서 가장 주의하게 되는 단어는 '나중'이나 '미래'라는 말이 되었다. 우리에게 남은 시간이 별로 없기 때문이다. 시간은 바로 지금뿐이다. 지금 지역에 필요한 전환의 씨앗을 뿌리고 거두는 일을 빠르고 촘촘하게 해야만 진짜 '미래'를 맞이할 수 있을 것 같다. 그래서 미호동의 오늘의 작은 발걸음은 곧 '미래'다.

02 재생에너지 기업이 기대하는 미호동 에너지 전환마을

- 신성이앤에스㈜ 김영덕 대표

신재생에너지로 가장 먼저 떠올리는 에너지원은 바로 태양일 것이다. 태양력발전은 무한한 태양의 에너지를 활용해 전기 또는 열에너지를 생산할 수 있는 발전의 형태로, 그중에서도 전기를 생산할 수 있는 태양광발전은 개인이 소유하고 직접 사용할 수 있는 대표적인 재생에너지 발전소이다. 개인이 소유하고 있는 주택이 있고 해당 주택이 설치할 수 있는 여건이 된다면 80%, 많은 곳은 90%(지자체 지원금에 따라 다름)까지 정부 및 지자체 보조금을 받아 설치할 수 있어서 사용자들의 만족도가 매우 높은 사업이다. 발전소를 설치하는 몇몇 개인은 기후위기 극복을 위한 실천으로 설치하기도 하지만, 대부분은 태양광발전소 설치를 통한 전기요금 절감을 이유로 꼽는다. 한 달에 많게는 5~6만 원, 평균적으로 3~4만 원은 절감되니 그 효과는 이미 증명된 것이나 다름없다. 특히 최근 러시아-우크라이나 전쟁 이후 에너지 안보 이슈가 커지고 에너지 비용이 상승하면서 집집마다 태양광발전소를 설치하려는 수요는 폭발적으로 증가하고 있다. 몇 해 전만 해도 태양광발전 정부보급사업으로 수요자 모집을 하면 전자파에 대한 막연한 두려움이나 건물 미관을 해치는 문제로 설치를 꺼려하는 주민들이 많았는데, 요즘에는 별다른 방문 설명 없이 동네에 현수막만 걸어도 신청자가 금방 마감된다. 보이지 않는 전자파보다, 당장 눈에 띄는 전기요금 걱정이 더 큰 것 같다. 정부 차원에서 자가용 태양광 설비 설치를 지원하는 사업이 많지만 주민들의 수요에 비해 지원 예산은 제한적이어서 예산 확보 경쟁은 더욱 치열해지고 있다.

다행히 대덕구 미호동은 초창기 재생에너지 보급사업을 시작으로 일찌감치 마을에 태양광발전을 비롯한 신재생에너지 사업을 시작했고 그 효과를 누리고 있다. 태양광발전을 누구보다 오랜 기간 동안 잘 사용하고 있던 주민이 많은 덕분으로 정부보급사업을 위해 미호동의 수요 가구를 모집했을 때 다른 지역보다 수월하게 모집이 이루어졌다. 물론 미호동뿐 아니라 전국의 많은 마을에서 재생에너지 설비 보급에 앞장서 왔고 한국에너지공단에서는 에너지자립마을 인증제도를 만들어 해당 마을에 별도 인센티브를 제공하는 사업을 추진하기도 하였다. 그 덕분으로 전국에 많은 에너지자립마을들이 만들어졌고, 해당 기초지자체에서는 주요 에너지정책으로 홍보하고 있다. 하지만 대부분의 에너지자립마을들이 신재생에너지 설비 중심으로

만 이루어져 있어 마을주민들이 해당 사업을 얼마나 이해하고 받아들이는지는 의문이다.

바로 이 지점이 다른 에너지자립마을과 미호동 에너지전환마을의 가장 큰 차이다. 특히, 미호동은 마을 안에 에너지전환 해유 사회적협동조합(이하 해유)이라는 협동조합이 있어 설비 중심이던 에너지사업을 주민들과 연결하는 사업으로 승화시켰다. 이로써 여느 마을처럼 재생에너지 발전소 설비 설치 사업으로 끝날 수 있었던 것을 주민들의 일상생활과 연결하면서, 새로운 에너지전환마을의 가치를 만들어가고 있다. 마을의 재생에너지 설비뿐만 아니라 기후위기 극복과 넷제로 달성이라는 과제를 중심에 두고 미호동만의 사업과 공간을 만들어 특색 있는 에너지전환마을을 창조해 간다는 점에서 큰 의미가 있다.

특히, 기업 입장에서 미호동 주민들의 적극적인 사업 참여와 신재생에너지에 대한 높은 수용성은 새롭게 변화하는 에너지 기술과 서비스를 실증해 볼 수 있는 공간으로서 매력적인 요소이다. 아무리 좋은 기술과 서비스라고 하더라도 사용하는 주민들이 그 가치를 모르면 의미가 반감되기 마련이다. 새롭게 만들어지는 다양한 에너지기술과 서비스 역시 만들어지는 과정부터 사용자들의 의견을 반영해야 하는데 미호동은 이러한 실험과 실증을 해 볼 수 있는 중요한 현장이다.

신성이앤에스(주)가 2021년 시작해 24년 하반기 사업종료를 앞두고 있는, 산업통상자원부와 에너지기술평가원에서 실시하는 '마을단위 마이크로그리드 실증사업'을 준비하면서, 사업대상지로 가장 먼저 떠올렸던 지역이 바로 미호동이다. 그동안 정부 보급사업을 수행하면서 전국의 많은 지자체에 재생에너지를 보급해 왔고, 해당 마을들과 꾸준하게 관계를 맺어오고 있었지만, 그중에서도 미호동이 가장 먼저 떠올랐던 것은 주민들의 높은 재생에너지 수용성과 해유의 존재였다. 해유가 그동안 미호동 지역 주민들과 넷제로공판장이라는 공간을 중심으로 어떻게 소통하고 어떠한 활동을 해 왔는지 알고 있었고, 그 부분을 평가 과정에서 강조한 것이 과제가 선정되었던 중요한 요인이라고 생각한다.

그렇게 시작한 마이크로그리드 실증사업을 통해 새로운 설비 구축과 서비스를 미호동에서 실험해 보고자 했다. 첫째는 재생에너지 발전소를 설치하고 싶어도 주거 여건이나 주변환경으로 인해 설치할 수 없는 가구를 위한 원격지 가상상계 서비스(이하 VNM 서비스)이며 둘째는 개인용 주택에 설치하는 자가용 발전설비 정부보급 사업의 경우 설비 용량을 3kW로 제한하는데, 이를 5kW까지 설치하는 것이었다. 최근 대부분의 가정에서 전자제품 사용이 늘면서 자연스레 가정용 전력 수요가 증가하고 있기 때문이다. 그리고 앞서 언급한 VNM 서비스는 미호동 안에서 태양광 설비를 설치하고 싶어도 집의 방향이 안 맞거나 지붕 구조로 인한 안전문제 등으로 인해 설치할 수 없는 가구들을 위해 미호동 주변에 있는 지역의 유휴 부지를 활용해 태양광발전소를 구축하고 거기서 생산된 전력을 미호동 주민들이 사용할 수 있게 하는 서비스이다. 해유의 주요 사업목표 중

VNM 서비스

원격지 가상상계 서비스(VNM)란 전력을 소비하는 곳과 다른 위치에 발전소를 설치하고 해당 발전소에서 생산된 전력을 가상으로 상계 처리할 수 있는 서비스로, 현재 국내에 관련 제도는 없으나 신성이앤에스(주)가 R&D 과제를 통해 대덕구 미호동을 비롯해 군산시 나포문화마을, 보령시 신흑동에 규제 특례를 적용받아 시범 서비스를 추진할 예정이다.

하나는 재생에너지를 보급하는 것이지만, 개인들의 재생에너지 사용 경험을 만들어 가는 것도 중요하다. VNM 서비스는 재생에너지를 설치할 수 없는 개인들도 쉽게 재생에너지를 소유하고 사용하는 경험을 만들어 갈 수 있다는 점에서 해유 활동 목표 달성에도 큰 의미가 있을 것 같다.

그러나 미호동에너지전환마을 사업도 어려움과 한계가 있었다. 미호동은 상수원보호구역이라는 특수성으로 인해 개발행위가 제한된다. 따라서 주차장과 같은 유휴지면을 활용한 상업용 태양광발전소를 설치할 수 없어 재생에너지 설비를 통한 다양한 주민사업을 추진하기에 큰 어려움이 있었다. 상수원보호구역의 특성상 자연환경을 보호하는 것이 우선이지만 이미 개발되어 있는 주차장과 같은 유휴공간을 활용하는 방안은 제도적인 보완이 필요해 보인다.

그 외에 상계처리만 할 수 있었던 태양광 잉여전력의 현금정산화 서비스는 규제특례 대상에서 제외되어 시행할 수 없게 되었지만, 만약 시행되었다면 지역주민들의 만족도가 가장 높은 서비스였을 것이라 생각된다. 특히 미호동 같은 농촌지역 특성상 많이 분포하는 노인가구는 전력사용량이 적어서 태양광발전소를 설치했을 경우 매월 잉여전력을 상계처리해도 전력이 남을 만한 가구가 많다. 이러한 곳에 잉여전력을 판매할 수 있는 서비스가 시행된다면 매월 노인가구에 적은 금액이나마 현금을 지원하는 복지서비스로서의 기능도 기대해볼 수 있었을 것이다. 나아가 발생하는 잉여전력을 한전에 판매하는 것이 아

현금정산화 서비스
잉여전력의 현금정산화 서비스는 매월 상계처리해 오던 잉여전력을 현금으로 판매하는 제도로, 현재는 일정 용량(10kW) 초과 설비만 적용된다. 대중적으로 가장 많이 보급된 가정용 3kW 설비는 해당 서비스 대상에서 제외된다.

니라 재생에너지를 설치하지 못한 옆집에 판매할 수 있는 기술과 서비스가 만들어진다면 가장 이상적인 마을 내 전력 거래 모델이 되고 이를 해유에서 앞으로 R&D(연구개발) 과제로 기획해 볼 수 있을 것이다.

우리나라를 대표하는 에너지전환마을 미호동

우리나라 에너지산업은 2024년 6월 분산에너지 활성화 특별법에 따라 큰 변화와 함께 새로운 시도가 시작될 것으로 전망되고 있다. 그동안 우리나라 전력산업의 가장 큰 문제는 중앙집중형 공급구조로 인한 대규모 송·배전망 건설과 그에 따른 경제적·사회적 비용이 발생하는 것이었다. 이러한 문제를 해결하기 위해 만들어진 분산에너지 활성화 특별법은 지역단위의 분산자원을 활성화하고 이를 통한 에너지의 지역 내 생산과 소비를 일치시키는 다양한 제도와 사업의 기반이 될 것이다.

특히 지역의 권한이 증가하고 중요성이 커지고 있는 만큼 지역 기반의 자발적인 에너지전환마을을 만들어 가는 미호동은 에너지전환마을을 만들고 싶어 하는 전국의 다양한 기초지자체의 더 큰 관심을 받을 것이다. 지금도 충분히 잘 만들어 가고 있지만 앞서 언급한 에너지전환마을 사업의 한계를 극복할 수 있는 혁신적인 대안을 제시하는 미호동 에너지전환마을의 모습을 볼 수 있기를 기대해 본다.

03 탄소중립 시대, 미호동 에너지전환마을의 의미와 전망

- 이다현(옥천순환경제공동체 팀장), 김도균(한국환경연구원, 연구위원)

미호동은 대전시 경계에 위치한 근교 농촌마을이다. 2024년 3월 기준 113가구 212명이 사는 법정동으로, 대전 등 인근 도시의 식수원인 대청호를 끼고 있어 경관이 아름답다. 한편 마을 전체가 상수원보호구역으로 묶여 있어 주민들은 재산권 행사에 여러 제약을 받기도 한다. 미호동에는 전원생활을 목적으로 이주하여 살면서 도심으로 출퇴근하는 주민과, 오랫동안 거주하며 소규모 밭농사에 종사하는 고령의 주민이 함께 살고 있다. 조용했던 미호동이 에너지전환의 성공 사례로 주목받은 것은 사회적협동조합 '에너지전환해유'(이하 '해유')가 미호동에 거점 공간을 열면서부터다. 2021년 5월, 해유는 미호동에 '넷제로(Net-Zero)공판장'을 열고, 주민 대상 환경교육, 친환경 마을장터, 태양광발전기 설치, RE100 제품 개발 등 미호동만의 차별화된 에너지전환 모델을 만들어 가고 있다.

1) 미호동 에너지전환마을의 성공 전략

(1) 민간 영역의 자원과 협력

미호동 에너지전환마을의 첫 번째 특징은 NGO, 기업, 주민

등 민간주체들의 협력으로 전개되었다는 점이다. 환경NGO인 대전충남녹색연합과 신재생에너지 전문기업 신성이앤에스(주)는 미호동 에너지전환마을의 핵심 주체인 해유를 공동 창립했다. 해유를 통해 NGO의 전문 역량과 기업의 기술력 및 자원이 결합할 수 있었다. 미호동 주민들은 마을의 공유공간을 해유에게 임대하며 거점공간을 제공하였고, 미호동에 배분되는 금강수계관리기금 일부를 환경교육 예산으로 활용하는 등 주민의 자원도 적극적으로 활용하였다. 해유는 이를 기반으로 미호동 에너지전환마을 사업을 안정적으로 진행할 수 있었다. 민간의 자원으로 출발하였기에 미호동만의 자율적이고 창의적인 사업이 진행될 수 있었다.

(2) 전문성과 주민 소통 역량을 가진 조직(해유)

넷제로, RE100, 마이크로그리드와 같이 에너지전환과 관련한 용어는 일반 주민들에게 낯설다. 그래서 주민이 에너지전환을 이해하고, 관련 정책에 참여하는 데 어려움이 따르기도 한다. 이런 점에서 전문성과 주민 소통 경험이 풍부한 해유는 미호동 에너지전환마을에서 중요한 역할을 하였다. 일종의 통역자로서, 어려운 전문용어를 쉽게 설명하고, 친환경 물품 사용이나 쓰레기 없는 마을장터 운영 등 손쉬운 방식으로 탄소 감축을 실천하며 주민들의 이해도를 높였다.

(3) 일상적인 실천 강조

우리나라에서 배출되는 탄소는 전력 생산, 산업, 수송 등에 집중되어 있다. 이런 점에서 개인이 일상에서 쓰레기를 줄이거나 에너지를 절약하는 실천이 전체에서 차지하는 비중은 미미하다. 그럼에도 해유는 미호동 에너지전환마을 추진에서 주민의 일상적 실천을 강조하고 있다. 이것은 개인과 공동체 등 아래로부터의 탄소감축 인식과 에너지전환의 공감대가 있어야 거시적 수준의 에너지전환도 요구할 수 있다고 보기 때문이다. 이러한 맥락에서 넷제로공판장에서 판매하는 친환경 제품으로 생활용품을 바꾸고, 태양광발전기 설치로 재생에너지 생산을 직접 경험하며 실천의 효능감을 느끼도록 도왔다. 이러한 일상적 실천을 통해 작더라도 확실한 성과와 경험을 제공했고, 에너지전환의 효능감을 높일 수 있도록 접근하고 있다.

2) 미호동 에너지전환마을의 성과

(1) 주민의 높은 재생에너지 수용성

미호동 에너지전환마을의 성과는 무엇보다 주민의 높은 참여도와 수용성을 꼽을 수 있다. 현재 미호동은 태양광 설치가 가능한 대부분의 가구가 재생에너지 생산에 참여하고 있다. 상대적으로 고령인구가 많은 지역임에도 재생에너지에 대한 수용성이 높은 것이다. 재생에너지에 대해 확인되지 않은 정보와 부정적 인식이 존재하는 가운데, 단순한 사업 홍보나 시설 설치

지원만으로는 주민 참여를 높이는 데 한계가 있다. 미호동은 해유와 주민 간의 신뢰 관계가 탄탄하게 구축되어 있었고, 재생에너지에 대한 교육과 경험을 통해 그 효과를 체감하였다. 특히 주민 간 관계망이 촘촘한 농촌 마을인 미호동은 태양광발전기를 먼저 설치한 이웃으로부터 전기요금 절감 등의 경제적 이익을 확인하면서 참여가 확산되었다. 이러한 수용성은 마이크로그리드 실증사업 등 고도화된 에너지전환 정책 참여로도 연결될 수 있었다.

(2) 주민 역량 성장으로 사업의 지속성 확보

미호동은 인구가 적고 고령화율도 높아 상대적으로 인적 자원이 취약하다. 그럼에도 해유는 주민을 동원하는 방식이 아닌, 주민을 주체로 설정하고 단계적으로 주민 역량을 강화해 나갔다. 해유와 주민들의 관계망이 만들어지기 전인 사업 초기에는 해유 사업에 주민이 다소 수동적으로 참여했으나, 해유와 협력 경험이 쌓이면서 주민들의 주도성도 높아졌다. 첫 마을장터에서 주민들은 단순 판매자였으나, 두 번째 마을장터에서는 장터 운영 방안을 학습하며 주민이 직접 기획하고 운영하였다. 사업이 진행될수록 주민들의 적극성도 높아져 주민학교 주제를 직접 제안하고, 금강수계관리기금을 교육 예산으로 활용하는 등 에너지전환마을 사업의 주체로서 성장하고 있음을 보여주었다. 주민을 주체로 세우는 것은 많은 시간이 소요되지만, 사업의 지속성을 위해서 빼놓을 수 없는 과정이기도 하다.

(3) 기업 사회공헌의 새로운 모델 제시

미호동 에너지전환마을에 신성이앤에스(주)가 참여하는 것은 일반적인 기업이 지역사회 공헌에 참여하는 방식과 차이가 있다. 신재생에너지 설비 보급을 전문으로 하는 신성이앤에스(주)는 기업의 정체성을 살리면서도 지역사회에 기여할 수 있는 사회공헌 사업으로 해유 창립에 참여하였다. 활동가 인건비, 공간 리모델링 비용 등을 지원하는 등 미호동 에너지전환마을 구축에 지속적으로 결합하고 있다. 이는 일반적인 기업의 사회공헌 방식인 일시적 후원, 기부금 전달, 봉사활동 등과 차별화되는 지점이다.

한편으로 이것은 기업의 경영전략 측면에서도 유의미해 보인다. 신성이앤에스(주)는 정부의 신재생에너지 보급 사업에 주로 참여하는 민간기업이고, 이런 사업에서 주민의 재생에너지 수용성 제고는 중요한 과제이다. 미호동 에너지전환마을의 경험을 보유한 신성이앤에스(주)는 다른 기업과 차별화된 강점을 가지게 되었고, 마이크로그리드 실증사업 등을 미호동을 포함한 국내 3개 지역에서 진행할 수 있었다. 기업이 참여한 미호동 에너지전환마을 모델은 지역의 지속적인 변화와 더불어 기업 경영에도 긍정적인 영향을 주며 상승효과를 거두고 있다.

3) 남은 과제

미호동 에너지전환마을은 비교적 빠르고 효과적으로 전개되었다. 미호동 대부분 가구에 태양광발전기가 설치되었고, 재생에너지는 안정적으로 생산될 것이다. 이제는 이를 기반으로 다음 사업을 고도화할 시점이기도 하다.

전환마을 운동은 2000년대 중반 아일랜드의 어촌 킨세일에서 석유 정점에 대응해 에너지를 적게 사용하는 저소비 에너지마을을 만들려는 풀뿌리 운동으로 시작하였다. 이후 영국의 토트네스 전환마을 사례가 알려지면서 국제적으로 큰 관심을 받게 되었다.

킨세일과 토트네스 사례가 지속해서 전환마을 운동을 진행할 수 있었던 중요한 동력 중 하나는 '대학'의 역할이다. 킨세일에서는 '킨세일 대학', 토트네스에서는 '슈마허 칼리지'를 통해서 지속적인 연구와 교육, 계획이 수립되었고 핵심 활동가가 양성되었다. 일본의 대표적인 전환마을인 후지노 전환마을에서도 '퍼머컬처센터 재팬', '슈타이너 학원' 등의 교육기관을 통해 외부자원이 마을로 안정적으로 유입되었다.

미호동 에너지전환마을이 한 단계 발전하기 위해서 외부의 인적 자원을 끌어들이고, 이들을 교육할 수 있는 '교육 파트너십 구축'에 대한 장기적인 계획이 필요하다. 현재 미호동 에너지전환마을이 많은 주목을 받으면서 벤치마킹 사례가 되고 있다. 우리 사회의 에너지전환은 더 많은 지역의 참여가 동반되어야 한다는 점에서 미호동 모델을 어떻게 확산할 것인지 고민해야 한다. 그러나 지역마다 다른 여건, 예를 들자면 해유와 같은 조직이 없거나, 주민 관계망이 느슨한 지역 또는 도시에서는 미호동 모델을 그대로 적용하긴 어려울 것이다. 다른 지역의 에너지전환마을은 어떤 모습이 되어야 할지, 앞서 나간 미호동 참여자들이 함께 머리를 맞대주었으면 한다.

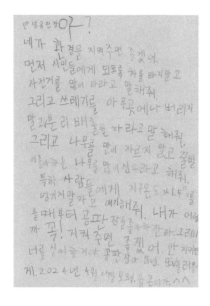

안녕, 공판장아?

네가 환경을 지켜주면 좋겠어.

먼저,

시민들에게 되도록 차를 타지 말고

자전거를 많이 타라고 말해줘.

그리고 쓰레기를 아무 곳에 버리지 말고

분리배출을 하라고 말해줘.

그리고 나무를 많이 자르지 말고

꿀벌이 좋아하는 나무를 많이 심으라고 해줘.

특히 사람들에게

지구온도가 1.5℃를 넘기지 말자고 얘기해 줘.

내가 어렸을 때부터 공판장을 좋아하잖아.

그러니까 꼭! 지켜주면 좋겠어.

안 지키면 너를 싫어할 거야.

공판장아 안녕.

또 놀러올게.

2024년 4월 27일 토요일, 율곤이가 ^^

- 차율곤, 대전송촌초등학교 4학년

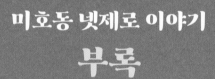

미호동 넷제로 이야기
부록

해유 연혁

2020년

4월 에너지전환해유 사회적협동조합 창립총회(장소:법동 에너지카페)

7월 산업통상자원부 사회적협동조합 인가

　　　대덕구 미니태양광 경비실 지원사업

10월 에너지전환 그림자극 〈투발루에게 수영을 가르칠 걸 그랬어!〉

11월 에너지전환 마당극 〈라스트 생존게임〉 공연(한남대학교)

2021년

2월 주한 유럽연합 대사(마리아 카스티요 페르난데스) 간담회

　　　미호동 주민디자인 학교, 주민 마을자원 조사 실시

　　　넷제로공판장 첫 꾸러미 정월대보름 '지구야 네 더위 내가 살게'

3월 대전광역시 예비사회적기업 지정

　　　대전 대덕구 에너지계획 수립 주민 참여 워크샵 수행

4월 지역에너지전환 유럽전문가 초청 세미나 (온라인)

　　　대전 유성 구즉마을지원센터 친환경에너지전환 마을활동가 양성

5월 넷제로공판장 개관

　　　국회 산업통상자원중소벤처기업위원장 넷제로공판장 방문

　　　미호동 넷제로장터 첫 개최

6월 미호동 넷제로장터

　　　한_EU 지역 에너지전환 국제 컨퍼런스 주관

　　　대전 동구 에너지전환 활동가 양성 학교

7월 미호동 넷제로장터

8월 대전MBC 다큐에세이 그 사람 '미호동 넷 제로 이야기' 방영

9월 미호동 넷제로장터

　　　대덕구 중리동 마을에너지전환주민학교 시행

10월 미호동 넷제로장터

11월 2021년 오체투지환경상 특별상 생활실천부문 수상

2021년 사회혁신 국제 커퍼런스 미호동 사례 발표

주민주도형 마을단위 RE50+ 달성을 위한 마이크로그리드 연계운영 실증기술개발R&D수행(4년간)

12월 법동 넷제로공판장, 관저동 넷제로공판장 개소

미호동 채식 메뉴 개발 및 생태문화지도 발간

2022년

1월 넷제로공판장 연합 회의(미호동, 관저동, 법동)

3월 충남 보령시 마을에너지전환 활동가 양성교육

4월 대전광역시 미니태양광 보급사업 참여

미호동 넷제로장터

5월 넷제로 절기여행 '미호동에서 3계절 나기' 텃밭 프로그램

미호동 넷제로장터

6월 비건 소셜다이닝

미호동 넷제로장터

7월 생분해(PLA) 현수막 공급 개시

8월 넷제로 도서관 첫 번째 책 기부(권혁범, 대전대학교 정치외교학과 명예교수)

9월 미호동 넷제로장터

10월 미호동 넷제로장터, 에너지전환콘서트 '태양과 바람의 노래'

에너지전환 마당극 〈라스트 생존게임〉 공연(대전석봉초등학교)

환국환경사회학회 간담회

대덕구 1동 1사 에너지전환 지원 사업

11월 미호동산 천연세제 무환자나무열매(소프넛) 수확

12월 시민햇빛발전소 1호기 준공(94.94kW)

(사)여성인권티움 제로웨이스트 물품 후원

전국 최초 RE100 우리술 2종 출시(신탄진주조 협업)

2023년

3월   미호동 넷제로주민학교(주제 : 매수토지의 생태적 관리와 활용)

　　　무환자나무(소프넛) 묘목 판매

4월   미호동 넷제로장터

　　　넷제로공판장×책방 구구절절 넷제로 별책부록 행사

5월   시민햇빛발전소 1호기 현판식 진행

　　　(LH 본사 및 대전충남지역본부/친환경 ESG 사업 모델 구축)

6월   미호동 에너지마을학교

　　　멸종위기종 맹꽁이 모니터링(멸종위기종 맹꽁이 울기 시작)

7월   미호동 주민 에너지전환 수학여행(순천)

　　　호반레스토랑 채식메뉴 '사과카레' 출시

8월   미호동 솔라시스터즈 공고 및 채용(주민 4인)

　　　넷제로 라이프스타일 체험단 운영(대전일자리경제진흥원)

　　　영아님 텃밭에서 초등학생들 오디, 산딸기 수확 체험

　　　("공부 안 해서 좋아요!")

9월   세종시 조치원 상리 넷제로 로컬 콘텐츠 개발 교육

　　　금융취약계층 미니태양광 지원 보급 사업 추진

　　　(캠코 대전충남지역본부/사회적가치 창출을 위한 ESG 사업)

　　　RE100 우리술 유성구 일대 음식점 유통

10월 솔라시스터즈와 함께하는 미호동 마을투어 시작

　　　넷제로장터 개최('바다빗질, 평화빗질' 빛그림 사진 전시회)

11월 마이크로그리드 사업 : 미호동 재생에너지(태양광, 태양열, 지열) 설치

　　　법동시민햇빛발전소 REC(재생에너지 인증서), 신탄진주조와 거래 시작

　　　덕암동, 신탄진동 공유햇빛발전소 개소(195kW)

　　　넷제로공판장 6kW 자가용태양광 설치(총 9kW)

　　　미호동산 천연세제 무환자나무 열매(소프넛) 수확

12월 탄소중립 교구 '솔라 플레이 블록' 출시

2024년

2월 미호동 기후에너지위원회 발족

     미호동 에너지마을학교

3월 미호동 주민 에너지전환 수학여행(보령, 예산)

     넷제로공판장 태양열 설치(이제 뜨거운 물이 나와요)

4월 윙윙꿀벌식당학교(밀원수 칠자화도 나눴어요)

5월 윙윙꿀벌식당 개소(꿀벌들을 위한 식당이에요~)

     멸종위기종 맹꽁이 모니터링(멸종위기종 맹꽁이 울기 시작)

     미호동 넷제로장터(미호동 농산물 판매, 바느질교실 등)

6월 캠코-LH-해유 공유햇빛발전소(28.6kW) 준공

8월 업사이클링 팝업북 이야기

     윙윙꿀벌숲길 조성

     꽃길따라 숲길따라 윙윙 시범프로그램

     미호동 들깨 수매계약

9월 마이크로그리드 RE50+ 미호동 현황판 설치

     미호동 주민 REC, 농업회사법인내포(주)와 거래 시작

10월 모두의 안녕을 묻는 '미호시니어영화축제' 개최

     윙윙꿀벌식당 들깨 수확

11월 윙윙꿀벌방앗간 RE100 생들깨기름 출시

     『에너지전환마을 발명록』 출간

     미호동 마을책잔치

12월 덕암동, 신탄진동 공유햇빛발전소 재생에너지와 미호동 농산물 거래(VNM)

     『에너지전환마을 발명록』 출간 기념 북토크

미호동
넷제로
이야기

#1 | 글·그림 경선

가장 오래된
진심

이 웹툰은 2021년 미호동 넷
제로공판장 개관 초기, 안경
선 작가의 작품으로 총 10화
중 지면 관계상 일부만 넣었
습니다. 모든 웹툰은 해유 네
이버 블로그에서 확인할 수
있습니다.

공판장 개관식 날,

와글 와글

헐 김완득 님이다!
연예인 본 것 같은 기분.

!!

많은 사람들 속에서
사진과 같은 옷을 입고 오신
완득님을 한눈에 알아볼 수 있었다

오는 게 당연하다는 듯한 표정의 완득님을 보며
통장의 얼굴조차 모르고 사는 우리 동네에
조금은 미안한 마음이 들었고,

할머니~
와주셔서 감사해요.
된장도 감사해요.

이 그림 그린 사람이
저예요!

95년이라는 세월을 이 마을에서 살아온 사람,
완득님이 마을에 가지는 애정과 관심을 생각해서라도
더 열심히 해야겠다는 생각이 들었다

조금씩이라도 계속해서
농산물을 보내주시는
감사한 완득님

그 작은 손으로
콩알을 고르는
완득님의 모습을 떠올리면
왠지 모르게
가슴 한켠이 따뜻해진다

우리에게
불가능은 없다

미호동 농산물장터 기획회의 중…

통장님~
우리도 오뎅탕 같은 거
끓여서 팔아볼까요?

옆동네는 그렇게 하던데

안됩니다!

24통 차선도 통장님

우리 미호동 넷제로 장터는
더 친환경적이고 깨끗한,
특색 있는 장터가 되어야 해요!

쓰레기 no!
일회용품 no!

NET
ZERO

친환경

차선도 통장님은 내가 만난 사람 중
가장 현명하고 지혜로운 분이다

그럼 전
비건(완전채식)김밥을
싸 볼게요~

저는 떡을
팔아볼게요

쓰레기 없이 팔 수 있는 방법도
우리 같이 고민해봐요

통장님의 현명한
리더십 덕분에
주민들의 참여도
활발하다

미호지기~
천년초랑 요거트를
같이 갈아서
팔아볼까 하는데...

요거트보다 탄소배출이 적은
두유로 바꾸는 건 어때요?

이번 플리마켓은 제품 개발부터
포장, 판매에까지
주민의 신뢰와 미호지기의 열정이
듬뿍듬뿍 담겼다

#4 | 글·그림 경선

찬란히
흐르는 마음

24통
차선도 통장님

25통
김재광 통장님

미호동에는 두 통장님이 계신다

어울리지 않을 것 같지만..

저쪽에다
그걸 해보면 어떨까

저번에 봤던 곳이요?
좋네요!

24년이라는
나이차이를 극복하고
함께 맞춰가는 두 사람

두 통장님은 힘을 합쳐
마을을 위한 다양한
사업에 뛰어들었고,
미호동은 조금씩
에너지자립마을로
향해가고 있다

넷제로공판장의 전신인
'정다운 마을쉼터' 역시
두 분의 아이디어로
만들어진 것!

마을 그리고 사람을 생각하는
통장님의 따뜻한 마음이
지구와 지역을 살리는
원동력이 되었다는 사실에
가슴이 뭉클했다

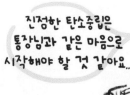

모두 함께 행복해지는 세상을
향해 가는 두 통장님의 리더십은
금강의 물결처럼
오늘도 찬란하게 미호동에 흐른다

넷제로
매직

넷제로공판장엔 일회용품이 없다

비치된 머그잔을 이용하거나

개인컵(텀블러)을 가져오면
음료를 담아갈 수 있다

텀블러나 아직 버리지 못한 일회용컵을
꺼내오시는 분들도 있고…

어쩔 수 없이 드시고 가시는 분들도 있다

(이렇게 먹고 가니까 훨씬 좋다고,
공간이 예뻐서 잘 쉬다 간다고
말씀하시는 분들도 많다!)

자신의 수고를 더하는
방식으로 운영되지만,

이 방식을 낯설어 하시는
분들도 종종 오신다

하지만 한 번 다녀간 사람에게는
두 번 이야기 할 필요가 없다!

무해한 사람이 되고 싶어

넷제로공판장의 휴지는 3칸씩 접어져 있다

솔직히 때로는 조금
모자란 듯 싶기도 하다

미호지기는 바쁜 와중에도
아침마다 휴지를 접는다

지나친 풍요를
되돌아봐야 할 때라고
생각해요 ~
우리 모두 자연에
빚지고 사는 거니까

휴지 접는 중…

생각해보면…
모든 물건은 자연에서 온 것

인간은 빼앗아오기만 했다

돈이 있으면 뭐든 다
살 수 있다고 생각하지만,
실은 돈으로 가치를 매길 수
없는 것들로 만들어진다

300년 된
나무로 만든 휴지

생후 3개월 된
송아지로 만든
가죽

아주 오래된
광물로 만든
스마트폰

내 편의와
세상이 만들어둔
기준을 위해
자연과 시간에
더이상은
빚지지 말아야지

아껴쓰고 다시쓰고
덜 사고 더 써야지

내 즐거움을 위해
생명의 가치를 잊지는 말아야지

채식으로 생명도 살리고
지구도 살려요!

모두 함께 살아가는 지구에
나는 내어줄 것이 없으니…

무해한 사람이
되고 싶어

늘 미안하고
고마워 해야지

이 넓은 우주에서
지구라는 기적을 만나
살아있다는 사실이
모든 존재에게 기쁨이 되기를

에너지전환마을 발명록

등록 1994.7.1 제1-1071
1쇄 발행 2024년 11월 25일

엮은이 에너지전환해유 사회적협동조합
기 획 이무열
펴낸이 박길수
편집장 소경희
편 집 조영준
관 리 위현정
펴낸곳 도서출판 모시는사람들
        03147 서울시 종로구 삼일대로 457(경운동 수운회관) 1306호
전 화 02-735-7173 / 팩스 02-730-7173

인 쇄 피오디북(031-955-8100)
배 본 문화유통북스(031-937-6100)
홈페이지 http://www.mosinsaram.com/

값은 뒤표지에 있습니다.
ISBN 979-11-6629-210-1 (03530)
* 잘못된 책은 바꿔 드립니다.

* 이 책의 전부 또는 일부 내용을 재사용하려면 사전에 저작권자와
  도서출판 모시는사람들의 동의를 받아야 합니다.